FORSCHUNGSBERICHTE DES LANDES NORDRHEIN-WESTFALEN

Herausgegeben durch das Kultusministerium

Nr. 900

Prof. Dr.-Ing. Herwart Opitz
Dr.-Ing. Johannes Bielefeld

Laboratorium für Werkzeugmaschinen an der Technischen Hochschule Aachen

Modellversuche an Werkzeugmaschinenelementen

Als Manuskript gedruckt

WESTDEUTSCHER VERLAG / KÖLN UND OPLADEN

1960

ISBN 978-3-663-03014-0   ISBN 978-3-663-04202-0 (eBook)
DOI 10.1007/978-3-663-04202-0

Gliederung

1. Einführung und Aufgabenstellung . . . . S. 5

    1.1 Die Relativverformung an der Schnittstelle . . . . . . S. 6

    1.2 Starrheitsgrad und Kraftfluß . . . . S. 8

2. Starrheit und Verformung der Gestelle . . . . S. 10

    2.1 Die Starrheitskenngrößen . . . . S. 10

    2.2 Die Übertragungsregeln für die Starrheitskenngrößen . . . . S. 12

    2.3 Meßtechnik . . . . S. 15

    2.4 Kontrolle der Übertragungsregeln . . . . S. 18

    2.5 Die Bedeutung der Modellversuche für den Konstrukteur . . . . S. 31

3. Vergleich verschiedener Entwürfe durch Modellversuche . . . . S. 32

    3.1 Vergleich dreier Drehbankbetten . . . . S. 33

    3.2 Zur Berechnung der Torsionssteife von Kastenständern . . . . S. 38

4. Der Einfluß konstruktiver Einzelheiten auf die Starrheit der Gestellelemente . . . . S. 42

    4.1 Wanddurchbrüche in kastenförmigen Bauteilen . . . . . S. 42

        4.11 Starrheitsabfall durch Querschnittsstörungen . . . S. 43

        4.12 Starrheitszunahme durch Abdeckplatten . . . . . . S. 46

    4.2 Querschnittstörungen bei ebenen Platten . . . . S. 49

        4.21 Einfluß von Lage und Größe einer Bohrung . . . . S. 49

        4.22 Einfluß von Naben auf die Starrheit der Platte . . . . S. 52

    4.3 Die Starrheit von Flanschverbindungen . . . . S. 54

        4.31 Flanschverformung eines Ständers . . . . S. 55

        4.32 Untersuchungen an Flanschwinkeln . . . . S. 57

5. Möglichkeiten zur qualitativen Darstellung des Verformungsmechanismus . . . . S. 65

6. Zusammenfassung . . . . S. 67

7. Literaturverzeichnis . . . . S. 79

Formelzeichen und Benennungen

a	Längenabmessung	[mm]
b	Kastenweite	[mm]
B	Kastenbreite	[mm]
c	Biegesteife, Starrheitsgrad	[kg/μ]
c_d	Torsionssteife	[mkg/rad]
d	Durchmesser	[mm]
D	Durchmesser	[mm]
D	Dämpfung	
e	Exzentrizität	[mm]
E	Elastizitätsmodul	[kg/mm^2]
f	Maximalverformung	[μ]
f	Frequenz	[Hz]
F	Querschnitt	[mm^2]
G	Schubmodul	[kg/mm^2]
h	Plattendicke	[mm]
H	Flanschhöhe oder Kastenhöhe	[mm]
I	äquatoriales Trägheitsmoment	[cm^4]
I_p	polares Trägheitsmoment	[cm^4]
I_{pw}	wirksames polares Trägheitsmoment	[cm^4]
l	Längenabmessung	[mm]
m	Masse	[kg sec^{2}m^{-1}]
M_d	äußeres Drehmoment	[mkg]
P	äußere Kraft	[kg]
T	Schwingungszeit	[sec]
$\mathcal{V}$	Vergrößerungsfunktion	
x	Verformung an einer bezeichneten Meßstelle	[μ]
y	Verformung an einer bezeichneten Meßstelle	[μ]
η	Korrekturfaktor	
Θ	Massenträgheitsmoment	[mkg sec^2]
ϰ	Kräftemaßstab	
λ	Längenmaßstab	
ρ	Dichte	[m^3 kg^{-1}]
τ	Zeitmaßstab	
φ	Verdrehwinkel	[rad]
ω_o	Eigenfrequenz	[sec^{-1}]
ω_e	Erregerfrequenz	[sec^{-1}]

1. Einführung und Aufgabenstellung

Die Forderung nach möglichst großer Starrheit bei Werkzeugmaschinen ist mit fortschreitender Entwicklung der Automatisierung in der Massenfertigung von Austauschteilen in den letzten Jahren mehr und mehr in den Vordergrund getreten. Maß- und formgenaue Serienteile lassen sich wirtschaftlich nur auf Maschinen fertigen, deren Relativverformungen zwischen Werkzeug und Werkstück an der Schnittstelle so klein sind, daß sie innerhalb der gewünschten Toleranz der Werkstücke bleiben. Dies bedingt große statische und dynamische Starrheit aller Elemente im Kraftfluß der Maschine.

Die Verformungen an der Schnittstelle beeinflussen neben der Qualität der Werkstücke die Standzeit der Werkzeuge und den Funktionsablauf der Maschine. So werden z.B. durch Schwingungen mit einer relativ großen Komponente in Schnittgeschwindigkeitsrichtung die Werkzeuge einer von der Schwinggeschwindigkeit abhängigen Wechselbeanspruchung ausgesetzt, die sich besonders bei Hartmetallwerkzeugen nachteilig auf die Standzeit auswirkt. Die Verformungskomponente in Richtung senkrecht zur Bearbeitungsfläche geht in ihrer vollen Größe als Oberflächenfehler ein und beeinflußt dadurch die Qualität der Werkstücke. Alle anderen Verformungen statischer oder dynamischer Art äußern sich als zusätzliche Beanspruchung der entsprechenden Maschinenteile und stören dadurch den Funktionsablauf in Verbindung mit einem vorzeitigen Verschleiß der höher beanspruchten Elemente. Ferner können dynamische Verformungen irgendeines Maschinenteiles die Maschine zu selbsterregten Schwingungen anfachen und dadurch die Leistung derselben herabsetzen.

Die Verformung einer Drehbank wurde erstmals um 1930 von SCHLESINGER [36] und KIEKEBUSCH [16] einer gründlichen Untersuchung unterzogen. Die Versuche wurden bei statischer Last durchgeführt. An den Einzelelementen, wie Bett, Spindel, Reitstock und Support, wurden die Verformungen nach Richtung und Größe in Abhängigkeit von der Belastung, die den praktisch auftretenden Schnittbelastungen nachgeahmt wurde, eingehend untersucht.

Ausgehend von den Schwierigkeiten, die sich allgemein einer Berechnung der Werkzeugmaschinengestelle wegen der meist komplizierten, über der Länge veränderlichen Querschnitte entgegenstellen, weist SCHLESINGER auf die Bedeutung von Versuchsergebnissen hin. Die Meßergebnisse sind seiner Ansicht nach, in zweckmäßig gewählter Abhängigkeit aufgetragen, dem Konstrukteur in der Praxis darzubieten. In dieser Form können die

Versuchsergebnisse als Richtlinien für eine beanspruchungsgerechte Gestaltung der Maschinenelemente dienen.

Es besteht nun grundsätzlich einerseits die Möglichkeit, eine große Anzahl verschiedener Ausführungsformen eines Bauteiles zu untersuchen und diese hinsichtlich Starrheit und Materialaufwand zu vergleichen. An Hand der Versuchsergebnisse läßt sich dann eine Qualitätsrangfolge aufstellen. Dieser Weg wurde von LOEWENFELD [24] beschritten, der an Grundbauelementen, wie stabförmigen Trägern und Kästen, Starrheitsuntersuchungen durchführte.

Geht man andererseits von einer in der Praxis üblichen Form eines Bauteiles aus, untersucht diese im Modell und trifft dann systematisch Veränderungen an Einzelheiten, so lassen sich an diesem einen Modellkörper tendenzmäßig die Zusammenhänge zwischen Ausführungsform und Starrheit bestimmen. Der Aufwand an Versuchsobjekten ist hierbei entschieden geringer. Auf diese Weise lassen sich am selben Versuchsmodell die Einflüsse von Rippen, Naben und Wanddurchbrüchen auf die Starrheit in Abhängigkeit von ihren Abmessungen ermitteln. Dieser zweite Weg wurde im wesentlichen in der vorliegenden Arbeit beschritten. Die funktionelle Darstellung der Zusammenhänge erlaubt dem Konstrukteur, bei einer aus irgendwelchen anderen Gründen notwendigen Abweichung von den Optimalbedingungen, den Einfluß dieser Maßnahme auf die Starrheit abzuschätzen.

1.1 Die Relativverformung an der Schnittstelle

Die an der Schnittstelle auftretende Relativverformung zwischen Werkzeug und Werkstück ist von primärer Bedeutung für die Güte des Arbeitsprozesses. Diese Relativverformung läßt sich nach PIEKENBRINK [31] in drei Komponenten aufteilen, die jede für sich das Arbeitsergebnis verschieden beeinflussen.

Abbildung 1 zeigt für den Drehvorgang diese Aufteilung. Die in Schnittgeschwindigkeitsrichtung fallende Komponente bewirkt in der Regel einen Standzeitabfall für das Werkzeug, da bei statischer Verformung die geometrischen Bedingungen an der Schnittstelle verändert werden und damit von den optimalen Bedingungen, die für die verschiedenen Werkstoff-Schneidstoff-Paarungen und Arbeitsverfahren eingestellt werden, abweichen. Bei dynamischen Verformungen in dieser Richtung überlagert sich der eingestellten, konstanten Schnittgeschwindigkeit die wechselnde Schwinggeschwindigkeit, so daß die tatsächliche Schnittgeschwindigkeit um den

Optimalwert schwankt. Nach SALJE [33] bewirkt eine wechselnde Schnittgeschwindigkeit einen Standzeitabfall.

Beispiel	Relativbewegungen	bewirken
	die in Schnittgeschwindigkeitrichtung fallen	Standzeitabfall
	die den Spanquerschnitt verändern	Schnittkraftschwankung
	die senkrecht zur bearbeitenden Oberfläche stehen	Rattermarken, Maß- und Formabweichungen

A b b i l d u n g   1
Aufteilung der Relativbewegung zwischen Werkzeug und Werkstück
(nach PIEKENBRINK)

Die Verformungskomponente senkrecht zur Hauptschneide des Werkzeuges verändert den Spanquerschnitt und bewirkt dadurch eine Schnittkraftschwankung, die wiederum eine Wechselbelastung der Antriebselemente verursacht, sofern die Verformungen dynamischer Art sind. Mit einer schwankenden Schnittkraft ist meist eine Schnittgeschwindigkeitsschwankung ursächlich verknüpft.

Die Verformungskomponente senkrecht zur Bearbeitungsfläche beeinflußt Oberfläche, Maß- und Formgenauigkeit des Werkstückes, und zwar geht sie mit ihrer vollen Größe als Fehler ein. Statische und quasistatische Verformungen in dieser Richtung verursachen Maß- und Formfehler, während dynamische Verformungen Rattermarken und Oberflächenfehler erzeugen.

So wie hier für das Beispiel des Drehvorganges, läßt sich auch für alle anderen Bearbeitungsverfahren eine Zerlegung der Relativverformung an der Schnittstelle in gleicher Weise durchführen (Abbildung 2). Die Komponente senkrecht zur Oberfläche, hier mit x-Komponente bezeichnet, ist für die einzelnen Verfahren festgelegt, und die anderen Komponenten sind dann einem rechtsdrehenden Koordinatensystem zugeordnet.

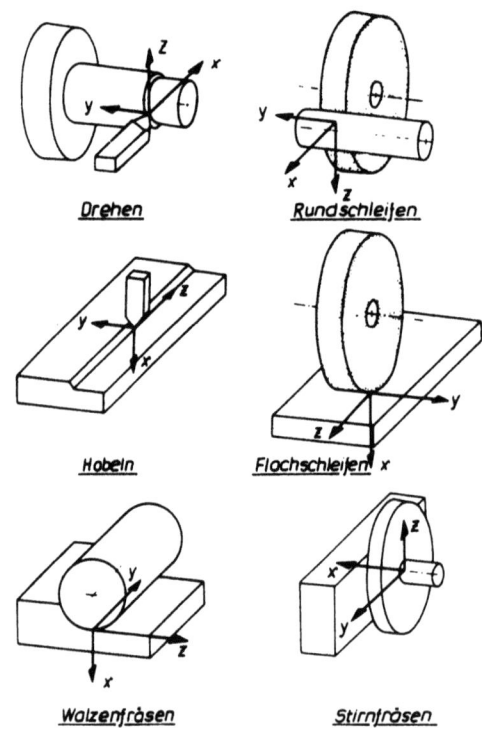

Abbildung 2

Bewegungskomponenten zwischen Werkstück und Werkzeug

1.2 Starrheitsgrad und Kraftfluß

Die an der Schnittstelle auftretenden Relativverformungen, die hauptsächlich durch die Zerspanungskräfte verursacht werden, sind ein Maß für die Gesamtstarrheit einer Maschine. Die Federsteife $c = P/f$ $[kg/\mu]$, an dieser Stelle gemessen, ist somit eine charakteristische Größe für die Steifigkeit einer Maschine. KRUG [22, 23] bezeichnet diese Größe mit "Starrheitsgrad". In der Literatur wird ferner die Bezeichnung Biegesteife verwendet. Der Kehrwert wird mit Nachgiebigkeit bezeichnet.

Es ist naheliegend und sinnvoll, diese Kenngröße an der Stelle einer Maschine zu messen, die bestimmend für das Arbeitsergebnis ist, hier also die Schnittstelle, und zwar in den drei oben erwähnten Richtungen.

Die Belastung an der Schnittstelle wird werkstückseitig vom Werkstück und seiner Aufspannung aufgenommen. Die Reaktionskräfte werden vom Werkzeug auf den Werkzeugträger übergeleitet. Werkstückträger und Werkzeugträger sind bei allen spanabhebenden Bearbeitungsmaschinen durch Gestellelemente verbunden. Dadurch ergibt sich ein geschlossener Kraftfluß, wie er in Abbildung 3 für das Drehen zwischen Futter und Reitstock angedeutet ist. Die Gesamtverformung an der Schnittstelle teilt sich dabei auf alle

Forschungsbericht des Landes Nordrhein-Westfalen Nr. 900

Modellversuche an Werkzeugmaschinenelementen

Von Prof. Dr. Ing. Herwart Opitz und Dr. Ing. Johannes, Aachen

1960, 74 Seiten, 55 Abbildungen, DM 21,--

Westdeutscher Verlag . Köln und Opladen

Im vorliegenden Bericht wird die Anwendung der Modellversuche zur Beurteilung des statischen und dynamischen Verhaltens von Werkzeugmaschinen beschrieben.

Die Kenngrößen - Biegesteife, Torsionssteife und Eigenfrequenz der Grundschwingungsformen - werden als Kriterien für die Beurteilung der Starrheit von Gestellelementen angeführt. Diese Kenngrößen sind nach den Gesetzen der Ähnlichkeitsmechanik für alle geometrisch ähnlichen Elemente proportional einer Potenz des Längenmaßstabes. Die Übertragungsgenauigkeit und das Verfahren der Modelltechnik wird an Hand zweier Beispiele erläutert.

Nach den Ergebnissen dieser Versuche ist es möglich, am vereinfachten Modell der Hauptausführung quantitativ gültige Werte empirisch zu ermitteln. Man kann ferner am Modell Veränderungen zur Verbesserung der Starrheit vornehmen und deren Wirksamkeit ebenfalls noch vor dem Bau der Hauptausführung überprüfen. Dieser Vorteil ist besonders bei großen Bauteilen in Gußausführung nicht zu unterschätzen, da diese meist nachträglich nicht mehr verbessert werden können.

Der Einfluß von Konstruktionseinzelheiten, wie z.B. Wanddurchbrüche, Rippen, Naben, Flanschformen und -befestigungen, wird an einigen weiteren Versuchsbeispielen demonstriert. Danach sind Langlöcher in dünnwandigen Kastenständern besonders ungünstig in Bezug auf die Torsionssteife solcher Bauteile. Durch Abdeckplatten und Wandverstärkungen läßt sich diese Schwächung im allgemeinen nicht wieder beheben. Der versteifende Einfluß von Naben bei durchbohrten, ebenen Platten, wird in Abhängigkeit von den Nabenabmessungen diskutiert. Hier ist die Grenze, von der ab keine weitere Verbesserung der Starrheit durch größere Nabendurchmesser und -höhen mehr zu erwarten ist.

Mit diesen Beispielen soll gezeigt werden, wie mit Hilfe von Modellversuchen an einfachen Elementen Richtlinien für eine beanspruchungsgerechte Ausführung von Konstruktionseinzelheiten ermittelt werden können.

Sich mit den Ergebnissen dieser Untersuchung zu beschäftigen, wird Sache aller Werkzeugmaschinen-Fabriken sein.

Elemente im Kraftfluß entsprechend ihrer Starrheit auf. Da die Steifigkeit eines Elementes umgekehrt proportional der Verformung ist, entfällt auf die Elemente geringster Starrheit der größte Verformungsanteil. Diese Elemente im Kraftfluß aufzufinden und zu verbessern, ist demnach die vordringliche Aufgabe des Versuchsingenieurs, die gleichzeitig den größten Erfolg verspricht.

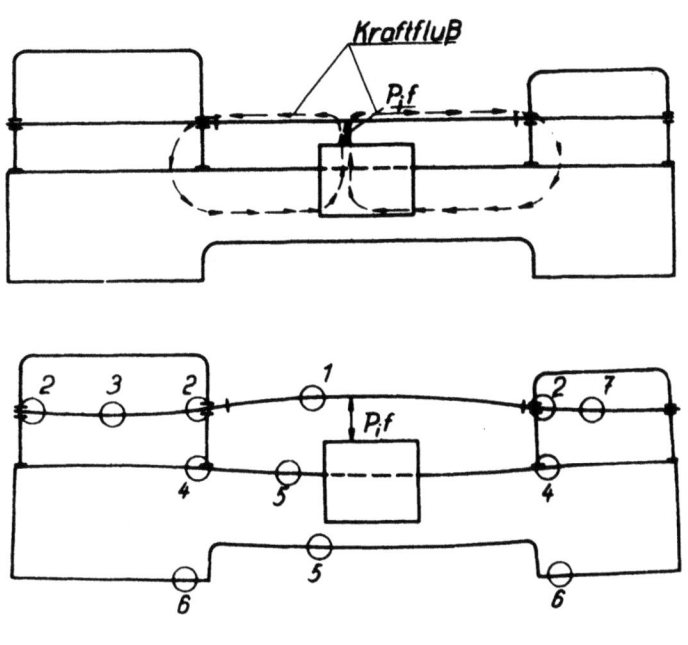

Abbildung 3

Kraftfluß beim Drehen zwischen Futter und Reitstock

Verformungen im Kraftfluß einer Drehbank

1) Werkstückdurchbiegung
2) Lagerverformung
3) Spindel
4) Flanschen
5) Bett
6) Fundament
7) Reitstockpinole

Zahlreiche Maschinenuntersuchungen haben gezeigt, daß ein beachtlicher Teil der Gesamtverformung bei spanabhebenden Werkzeugmaschinen auf die Maschinengestelle und deren Verbindungselemente entfällt. Im Rahmen dieser Arbeit, die sich auf die Untersuchung dieser Bauteile beschränkt, werden an Hand von Modellversuchen die Möglichkeiten dieses Verfahrens und die Bedeutung der Ergebnisse für die Gestaltung von Werkzeugmaschinengestellen an einigen Beispielen erläutert.

2. Starrheit und Verformung der Gestelle

Aus den Schnittkraftkomponenten ergeben sich für die einzelnen Bearbeitungsverfahren die Beanspruchungsarten der Maschinengestelle, die in den meisten Fällen aus einer Biegebeanspruchung um die Hauptträgheitsachsen und einer Torsionsbelastung bestehen. Ständerelemente, wie sie bei Bohrwerken, Fräsmaschinen, Flächenschleifmaschinen und Ständerbohrmaschinen vorkommen, können in erster Näherung als einseitig eingespannt betrachtet werden, während das Bett einer Langdrehbank als Träger auf zwei oder mehreren Stützen zu behandeln ist. Dabei ist wohl zu beachten, daß weder die Einspannung noch die Stützen als starr angenommen werden können, wie dies bei statischen Berechnungen allgemein üblich ist. Aus diesen Gründen und wegen der oft sehr komplizierten Querschnittsformen derartiger Bauteile ist eine statische Berechnung, sofern sie überhaupt noch ausreichend genaue Ergebnisse liefert, mit großem Aufwand verbunden.

Hier bietet der Modellversuch eine Möglichkeit, schnell und ohne großen Aufwand zu Ergebnissen zu gelangen, die außerdem für alle geometrisch ähnlichen Ausführungen, die der gleichen Beanspruchungsart unterliegen, quantitativ gültig sind, wenn man die Übertragungsregeln der Ähnlichkeitsmechanik beachtet. Diese Übertragungsregeln ergeben sich aus den Modellgesetzen von NEWTON und CAUCHY, sofern nur elastische Kräfte und Massenkräfte den Vorgang bestimmen [41, 11, 34]. Dies ist bei der Beanspruchung von Werkzeugmaschinengestellen in erster Näherung immer der Fall, da die zulässigen Verformungen nicht an die Grenze der zulässigen Beanspruchung heranreichen. Würde man den Werkstoff festigkeitsmäßig ausnutzen, so dürften die Verformungen das aus Gründen der Genauigkeit tragbare Maß weit überschreiten. Werkzeugmaschinenelemente werden deshalb immer nach der zulässigen Verformung dimensioniert und nicht nach der zulässigen Festigkeit.

2.1 Die Starrheitskenngrößen

Die für die Starrheit eines Elementes charakteristischen Größen sind entsprechend den Beanspruchungsarten:

1) Die statische Biegesteife $\quad c = \frac{P}{f} \; [kg/\mu]$

2) die statische Torsionssteife $\quad c_d = \frac{Md}{\varphi} \; [mkg/rad]$

3) die Eigenfrequenzen der Grundschwingungsformen und die Dämpfung.

Die statische Biegesteife c ist für ein Bauteil entsprechend seiner Beanspruchung im Kraftfluß der Maschine zu bestimmen (z.B. als Träger auf

Stützen gelagert oder als eingespannter Balken). Die Art der Beanspruchung ist für die verschiedenen Maschinentypen unterschiedlich. Sie läßt sich aber aus der Lage des zu untersuchenden Elementes im Kraftfluß und dem prinzipiellen Aufbau der Maschine leicht überschauen.

Grundsätzlich das gleiche gilt für die statische Torsionssteife c_d, die hier analog zur Biegesteife als Verhältnis von Drehmoment zu Verdrehwinkel definiert ist. Sie gibt an, wieviel mkg Drehmoment erforderlich sind, um den Belastungsquerschnitt eines Elementes um eine Winkeleinheit gegenüber dem Einspannquerschnitt zu verdrillen. Diese beiden Größen und c_d sind ein Vergleichsmaßstab für die statische Starrheit verschiedener, in ihren Abmessungen in etwa proportionaler Bauteile.

Die dynamische Starrheit läßt sich grundsätzlich in gleicher Weise bei erzwungenen Schwingungen beschreiben. Hier gilt das Verhältnis von Erregerkraft zur Schwingungsamplitude als Maß für die Starrheit. Dies Verhältnis ist allerdings in Resonanznähe stark vom Frequenzverhältnis ω_e/ω_o abhängig [8,30]. Im Resonanzfall wird die Schwingungsamplitude - abgesehen von der statischen Starrheit - nur noch durch die Dämpfung begrenzt, da diese dann die Vergrößerungsfunktion bestimmt.

$$x_{dyn} \approx \frac{P}{C} \cdot \frac{1}{2D} \; ; \qquad \frac{1}{2D} = \mathcal{B} = \frac{x_{dyn}}{x_{stat}}$$

Diese Beziehung gilt im Resonanzfall für kleine Dämpfung D. Bei der Beurteilung der dynamischen Starrheit ist demnach die Lage der Eigenfrequenzen der Grundschwingungsformen unbedingt mit zu beachten. Die Grundschwingungsformen - die Biegeschwingungen um die Hauptachsen und die erste Drehschwingungsform - sind wegen der niedrigen Eigenfrequenzen und wegen der relativ großen Amplituden von primärer Bedeutung. Durch die mit der Einführung von Hartmetallen und oxydkeramischen Schneidstoffen bedingten höheren Drehzahlen ist die Resonanzgefahr bei der spanabhebenden Werkzeugmaschine bedeutend gestiegen. Zur Vermeidung des Resonanzfalles müssen also die Eigenfrequenzen genügend hoch liegen. Die Lage der niedrigsten Eigenfrequenz eines Bauteiles ist proportional der Wurzel aus der statischen Starrheit.

$$\omega_o = \sqrt{\frac{c}{m}} \; \left[\frac{1}{sec}\right] \qquad \text{bei Biegeschwingungen}$$

$$\omega_o = \sqrt{\frac{c_d}{\Theta}} \; \left[\frac{1}{sec}\right] \qquad \text{bei Drehschwingungen}$$

Durch Erhöhung der statischen Starrheit und durch Verringerung der Masse kann demnach eine Verlagerung der Eigenschwingungszahlen zu höheren Fre-

quenzen erreicht werden. Hier erweist sich also die sogenannte "starre
Leichtbauweise" als günstig.

Die Starrheitskenngrößen c, c_d und ω_o stehen für geometrisch ähnliche
Bauteile, die gleichartig beansprucht werden, in eindeutig bestimmten
Verhältnissen zueinander. Diese Verhältniszahlen, auch Übertragungsmaßstäbe genannt, ergeben sich aus den Modellgesetzen der Ähnlichkeitsmechanik. Damit ist die Möglichkeit gegeben, diese Starrheitskenngrößen an
geometrisch ähnlichen Modellen der Hauptausführung zu messen, und dann
rechnerisch auf die Hauptausführung und alle ähnlichen Ausführungen zu
übertragen.

Das Verfahren gestattet also, noch vor dem Bau einer Maschine diejenigen
Elemente, die einer Berechnung schwer zugänglich sind, im Modellversuch
zu prüfen. Erforderliche Verbesserungen können dann ebenfalls schon am
Modell auf ihre Wirksamkeit untersucht und noch bei der Konstruktion berücksichtigt werden. Für die Fertigung von Großmaschinengestellen in
Gußausführung, die nachträglich meist nicht mehr verbessert werden können, kann damit das Risiko einer Fehlkonstruktion bedeutend vermindert
werden.

2.2 Die Übertragungsregeln für die Starrheitskenngrößen

Am Beispiel eines einseitig eingespannten Balkens, der am freien Ende
durch eine Einzellast auf Biegung beansprucht wird, sollen im folgenden
die Modellgesetze und Übertragungsmaßstäbe erläutert werden. Soll im
Biegefall der Vorgang an zwei Ausführungen (Index 1 und 2) physikalisch
ähnlich verlaufen so müssen folgende Bedingungen erfüllt sein:

1) Alle entsprechenden Abmessungen an Hauptausführung (H) und Modell (M)
   stehen in einem konstanten Verhältnis $\lambda = l_1 : l_2$ zueinander (geometrische Ähnlichkeit).

2) Alle entsprechenden Kräfte stehen in einem konstanten Verhältnis
   $\varkappa = P_1 : P_2$ zueinander (Kräfteähnlichkeit).

3) Entsprechende Zeiten, z.B. die Schwingungszeiten, stehen in einem
   konstanten Verhältnis $\tau = T_1 : T_2$ zueinander (zeitliche Ähnlichkeit).

Für statische und dynamische Vorgänge genügen diese drei Grundübertra-
gungsverhältnisse. Aus den Gleichungen der Festigkeitslehre ergibt sich
der Starrheitsgrad zu

$$c_1 = \frac{P_1}{f_1} = \frac{3 I_1 E_1}{l_1^3} \left[\frac{Kg}{\mu}\right] \quad \text{für Ausführung 1 und}$$

$$c_2 = \frac{P_2}{f_2} = \frac{3 I_2 E_2}{l_2^3} \left[\frac{Kg}{\mu}\right] \quad \text{für Ausführung 2.}$$

Das Verhältnis c_1/c_2 ist bereits die gesuchte Übertragungsregel für die Biegesteifen. Aus den oben angeführten Bedingungen ergibt sich:

$$\lambda = \frac{l_1}{l_2} ; \quad \varkappa = \frac{P_1}{P_2} ; \quad \frac{I_1}{I_2} = \lambda^4$$

Damit wird dann

$$\frac{c_1}{c_2} = \frac{3 \lambda^4 \cdot I_2 \cdot E_1 \cdot l_2^3}{\lambda^3 \cdot l_2^3 \cdot 3 \cdot I_2 \cdot E_2}$$

$$\frac{c_1}{c_2} = \lambda \frac{E_1}{E_2}$$

Für den Sonderfall, daß Hauptausführung und Modell aus dem gleichen Werkstoff sind, vereinfacht sich die Übertragungsregel für die Biegesteife zu

$$c_1 = \lambda \cdot c_2$$

Aus der Beziehung für die Biegeeigenfrequenzen ergibt sich analog die Übertragungsregel:

$$f_1 = \lambda^{-1} \cdot f_2$$

Die Modellgesetze und Übertragungsregeln für elastische Biegebeanspruchung sind in Abbildung 4 zusammengestellt. Sie stellen sich als Potenzprodukte vom Längenmaßstab λ dar. Sind im Sonderfall Hauptausführung und Modell aus gleichem Werkstoff, (d.h. die Stoffkonstanten E_1 und E_2 sowie ρ_1 und ρ_2 sind gleich), so liegen Kräfte- und Zeitmaßstab fest. Die Biegesteife einer Hauptausführung ist dann gleich der am Modell gemessenen, multipliziert mit dem Längenmaßstab. Die Eigenfrequenzen verhalten sich umgekehrt. Ist der Längenmaßstab größer als Eins, d.h. die Hauptausführung größer als das Modell, so wird die Biegesteife der Hauptausführung um den Faktor λ größer als die des Modells sein, die Eigenfrequenz um den Faktor $1/\lambda$ kleiner.

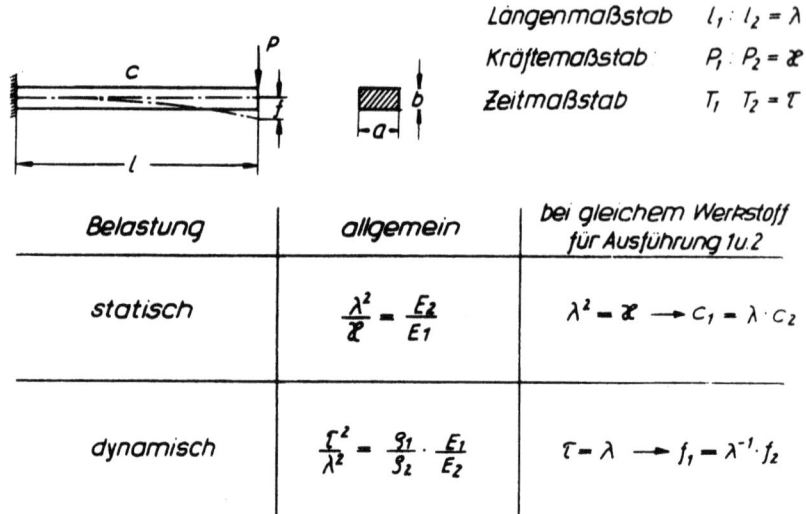

A b b i l d u n g 4

Modellgesetze für elastische Biegebeanspruchung

Für elastische Torsionsbeanspruchung sind die Modellgesetze und Übertragungsmaßstäbe in Abbildung 5 dargestellt. Hier ergeben sich analog

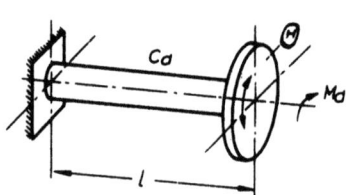

A b b i l d u n g 5

Modellgesetze für elastische Verdrehbeanspruchung

für gleiche Stoffkonstanten bei Hauptausführung und Modell die Übertragungsmaßstäbe für die Torsionssteifen

$$c_{d_1} = \lambda^3 \cdot c_{d_2}$$

und für die Eigenfrequenzen entsprechender Torsionsschwingungsformen

$$f_1 = \lambda^{-1} \cdot f_2$$

Seite 14

Sind die beiden Vergleichsausführungen aus verschiedenen Werkstoffen, so werden die Übertragungsmaßstäbe durch die beiden Stoffkonstanten eindeutig bestimmt. Man ist also nicht an bestimmte Werkstoffe gebunden, sondern kann einen für die Versuchsdurchführung günstigen Werkstoff für das Modell verwenden.

2.3 Meßtechnik

Zur Messung der Starrheitskenngrößen seien noch kurz einige Hinweise und Erläuterungen gegeben, deren Beachtung zur Fehlerverringerung und Genauigkeitssteigerung des Verfahrens beiträgt.

Bei der Messung der Biegesteife eines Balkens auf zwei Stützen ist zur Erfassung der effektiven Durchbiegung an der Belastungsstelle die Stützenabsenkung mitzumessen und für die Berechnung der Biegesteife zu berücksichtigen (Abbildung 6).

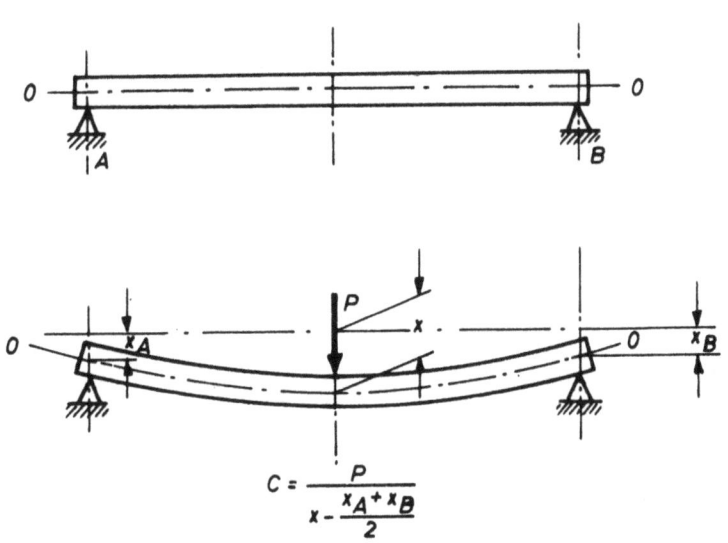

Abbildung 6
Zur Messung der Biegesteife

Diese Auflagerdeformation ist praktisch immer vorhanden und nur bei sehr starren Stützen vernachlässigbar klein gegenüber der Durchbiegung an der Belastungsstelle. Es ist jedoch zweckmäßig, dies in jedem Falle eindeutig zu überprüfen. Nur so lassen sich gute Vergleichsverhältnisse schaffen, da der evtl. unterschiedliche Einfluß der Auflager eliminiert wird. Bei Messungen an einer kompletten Maschine ist diese Verfahrensweise nicht zulässig, weil dabei stets die Gesamtverformung für die Starrheit maßgebend ist.

Zur Bestimmung der Torsionssteife verschiedener Vergleichsausführungen ist aus den gleichen Gründen die relative Verdrillung zwischen Belastungs- und Einspannquerschnitt zu messen und in die Rechnung einzufügen.

Die dynamische Untersuchung freischwingender Elemente gestaltet sich insofern einfacher, da die Eigenschwingungsformen nur von der Gestalt der Versuchskörper abhängig sind, wenn der Zustand der freien Schwingung genügend gut erreicht wird. Dies ist durch Auflage der Versuchskörper auf weiche Schaumgummiplatten oder durch Aufhängen in den Schwingungsknoten gewährleistet.

Die Meßanordnung für die statische Untersuchung zeigt Abbildung 7. Die

Abbildung 7
Meßanordnung zur Ermittlung der Biegesteife

Belastung wird mit einem Kraftmeßbügel in kleinen Stufen aufgebracht und die Verformung mit einem elektrischen Feintaster in Verbindung mit einer direktanzeigenden Meßbrücke gemessen.

Bei der dynamischen Untersuchung wird an Stelle der statischen Last eine Wechselkraft mit einem elektrodynamischen Wechselkrafterreger aufgebracht, deren Frequenz stufenlos verstellbar ist. Die Schwingungsamplituden werden mit elektrodynamischen Wandlern aufgenommen. Die Meßwertanzeige ist eine der Schwinggeschwindigkeit proportionale Wechselspannung, deren Frequenz gleich der Erregerfrequenz ist. Durch Vorschalten einer geeichten Integrationsstufe läßt sich diese Spannung in eine dem Schwingweg proportionale umwandeln. Die vom Wandler gelieferten Spannungen können mit einem Röhrenvoltmeter gemessen oder mit einem Schleifenoszillografen registriert werden. Abbildung 8 zeigt die Meßanlage für die dynamische Untersuchung. Durch Variation der Erregerfrequenz lassen sich bei konstanter Erregerkraft die Eigenfrequenzen des Versuchskörpers nach dem Resonanzverfahren ermitteln. Zur Bestimmung der Schwingungsform wird an

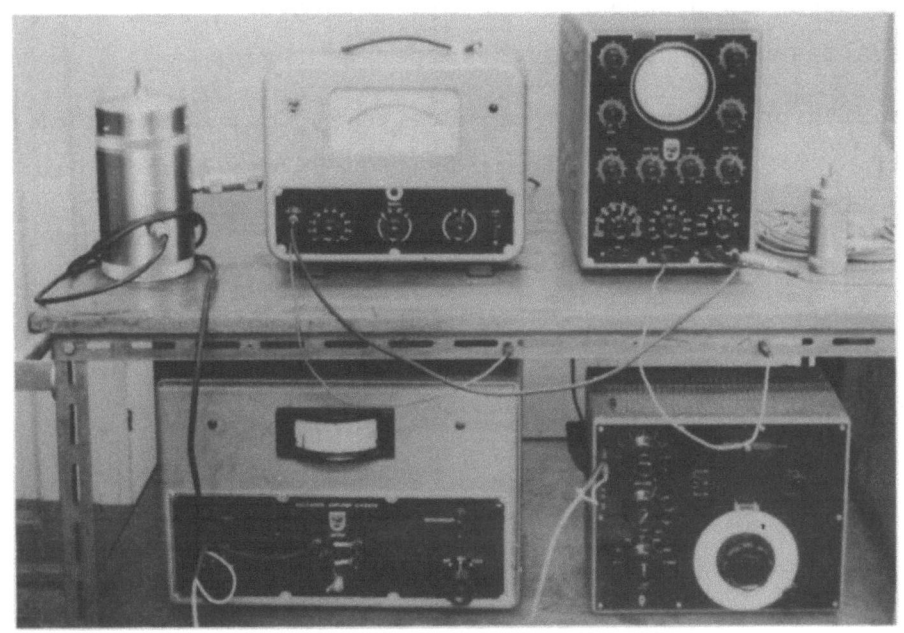

A b b i l d u n g   8
Meßanlage für dynamische Untersuchungen

mehreren Stellen des Meßobjektes die Resonanzamplitude nach Betrag und Phasenlage in bezug auf die Erregerkraft gemessen. Die Dämpfung

$$D = \frac{\ln {x_0}/{x_z}}{2\pi \cdot z}$$

wird aus dem Abklingvorgang der freien Schwingung nach Unterbrechen der Erregerkraft bestimmt. In der Formel bedeuten:

x_o = Resonanzamplitude der erzwungenen Schwingung

x_z = Amplitude der z-ten Periode nach dem Abschalten der Erregerkraft

z = Anzahl der Perioden, die für die Dämpfungsmessung berücksichtigt werden.

Die Dämpfung D ist im Resonanzfall maßgebend für die Größe der Amplitude, wie die Beziehung

$$x_{dyn} = x_{stat} \cdot \frac{1}{2D} \; [\mu]$$

zeigt. Diese Beziehung gilt nur für den Resonanzfall ($\omega_e = \omega_o$) und für kleine Dämpfung ($D < 0,1$). Dies ist aber bei Versuchselementen aus Gußeisen oder Stahl in erster Näherung immer der Fall.

2.4 Kontrolle der Übertragungsregeln

Zur Kontrolle der Übertragungsregeln wurden an einigen Modellkörperpaaren die Starrheitskenngrößen gemessen und die Ergebnisse mit den theoretischen Übertragungsmaßstäben verglichen. Für frei aufliegende bzw. frei schwingende Elemente hat SALJE [34] die Anwendung der Ähnlichkeitsmechanik durch Versuche an Drehbankbetten mit Petersverrippung bestätigt gefunden. Die Abmessungen der Versuchskörper betrugen:

Hauptausführung: Länge 1461 mm; Breite 255 mm; Höhe 21o mm
Modell: Länge 487 mm; Breite 85 mm; Höhe 7o mm

Abbildung 9
Modellkörper (Petersverrippung)

Die Drehbankbetten (Abbildung 9) wurden zur Bestimmung der statischen Biegesteife an beiden Enden unterstützt und in der Mitte belastet. Der Zusammenhang zwischen Belastung und Verformung an der Belastungsstelle ist für drei untersuchte Modellkörperpaare in den Diagrammen in Abbildung 1o dargestellt. Die Koordinatenmaßstäbe sind entsprechend dem Modellgesetz verzerrt, so daß bei Übereinstimmung zwischen theoretischem und gemessenem Ergebnis die Verformungskurven für Hauptausführung und

Modell zusammenfallen. Die Paralleldistanz entsprechender Kurven ist auf unterschiedliche Vorlasten bei den Versuchen zurückzuführen und daher nicht als Fehler anzusehen. Die Steigung der Verformungslinien ist proportional der statischen Biegesteife. Die Steigungsdifferenzen zugehöri-

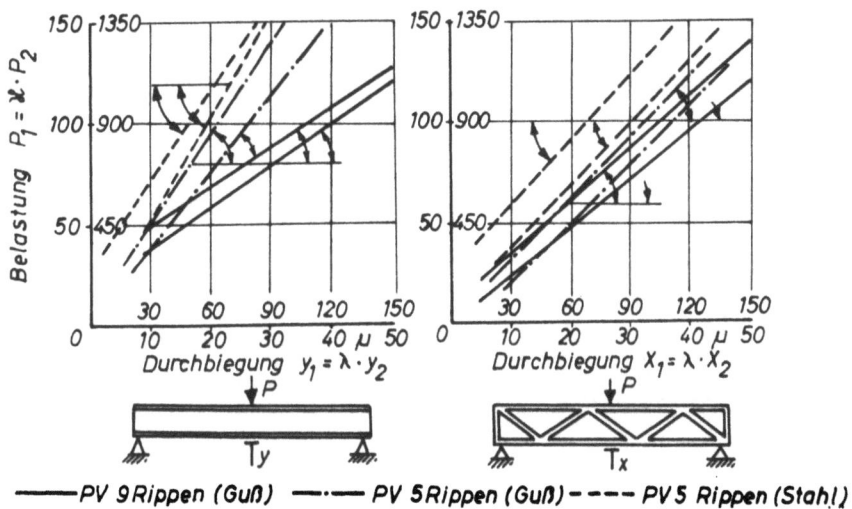

Abbildung 1o
Biegesteifen der Petersverrippungen

ger Kurven sind ein Maß für die Fehler. Die Diagramme zeigen, daß eine Übertragung der statischen Biegesteifen mit guter Näherung möglich ist.

In Abbildung 11 sind das Schema für den Verdrehversuch und die Verformungslinien bei Torsionsbelastung dargestellt. Für die drei untersuchten Modellkörperpaare, zwei Gußausführungen und eine Stahlausführung, zeigt sich auch hier eine gute Übereinstimmung zwischen Modell und Hauptausführung, wie aus der Tabelle unten rechts im Bild ersichtlich ist. Der theoretische Wert für den Übertragungsfaktor ist hier gleich $\lambda^3 = 27$. Der Unterschied zwischen der Stahlkonstruktion und der geometrisch gleichen Gußkonstruktion entspricht dem Verhältnis der beiden Stoffkonstanten G_1 und G_2 für Stahl und Gußeisen, womit ebenfalls das Modellgesetz bestätigt wird.

Bei der dynamischen Untersuchung wurde anstelle der statischen Last eine sinusförmig veränderliche Wechselkraft aufgebracht und die Schwingungsamplitude nach Betrag und Phasenlage bezogen auf die Erregerkraft, mit elektrodynamischen Wandlern gemessen. Die Amplitude, in Abhängigkeit von der Frequenz aufgetragen, ergibt die Resonanzkurven, die an den Stellen, wo die Erregerfrequenz mit der Eigenfrequenz einer Schwingungsform übereinstimmt, steile Maxima aufweisen. Die in Abbildung 12

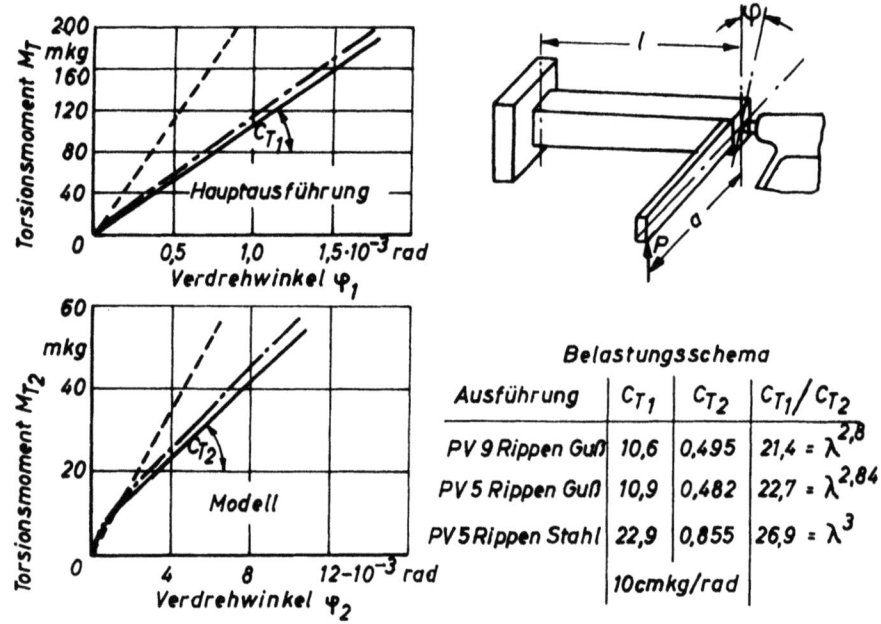

Abbildung 11

Torsionssteifen der Petersverrippungen

dargestellten Resonanzkurven zeigen, daß die niedrigen Eigenfrequenzen bei Model und Hauptausführung sowohl für die Gußausführung als auch für die Stahlausführung entsprechend dem Übertragungsmaßstab

$$f_1 = \lambda^{-1} \cdot f_2$$

der in der Abszisse berücksichtigt ist, recht gut übereinstimmen. Aus diesem Bild geht ferner hervor, daß eine Übertragung zwischen einer Gußausführung und einer Stahlausführung ebenfalls mit guter Annäherung möglich ist, wenn man dabei das die Stoffkonstanten enthaltende Modellgesetz

$$\frac{f_{Ge}}{f_{st}} = \frac{1}{\lambda} \cdot \sqrt{\frac{E_{Ge}}{E_{st}}}$$

berücksichtigt. Dies ist im Bild im Frequenzmaßstab mit eingeführt, so daß entsprechende Resonanzen für alle vier Versuchskörper in den Diagrammen übereinander erscheinen. Daß sich bei diesen Frequenzen die Schwingungsformen der Versuchskörper ähnlich sind, zeigt Abbildung 13. Hier sind die Maximalauslenkungen einer Schwingungsperiode für die Biegegrundschwingungsform und die erste Torsionsschwingungsform für alle drei Versuchskörperpaare einander gegenübergestellt. Die Schwingungsformen und die Frequenzverhältnisse entsprechen sehr gut den Modellgesetzen.

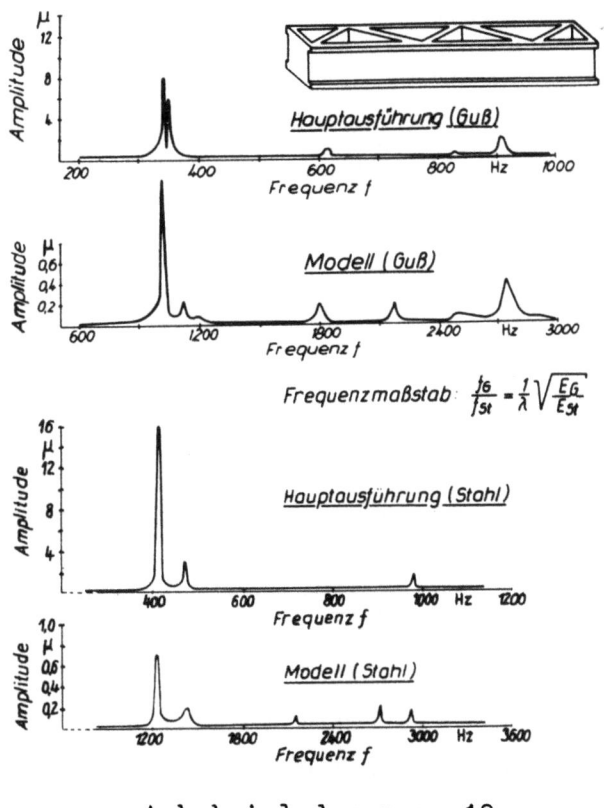

Abbildung 12
Resonanzkurven der Petersverrippungen

Dieses Versuchsbeispiel zeigt, daß die Gesetze der Ähnlichkeitsmechanik für die Bestimmung der Starrheitskenngrößen im Modellversuch und ihre Übertragung auf die Hauptausführung bei frei aufliegenden bzw. frei schwingenden Elementen anwendbar sind. Auch unterschiedliche Werkstoffe bilden kein Hindernis, wenn die Stoffbeiwerte E und G der verwendeten Werkstoffe in einem festen Verhältnis zueinander stehen.

Die Prüfung der Übertragungsgenauigkeit bei festaufgespannten Bauteilen wurde im Rahmen dieser Arbeit an einem geschweißten Ständermodellkörperpaar durchgeführt. Abbildung 14 zeigt die Versuchskörper. Der Längenmaßstab ergab sich hier aus den verwendeten handelsüblichen Stahlblechdicken zu $\lambda = 8 : 3 = 2,67$.

Zur Bestimmung der statischen Biegesteifen wurden die Versuchskörper als einseitig eingespannte Träger betrachtet und am freien Ende in Richtung der beiden Hauptträgheitsachsen belastet. Der Zusammenhang zwischen Gesamtverformung a_n der Belastungsstelle und Belastung ist im Diagramm Abbildung 15 dargestellt. Die Verformungslinien x_1 und x_2 bzw. y_1 und y_2

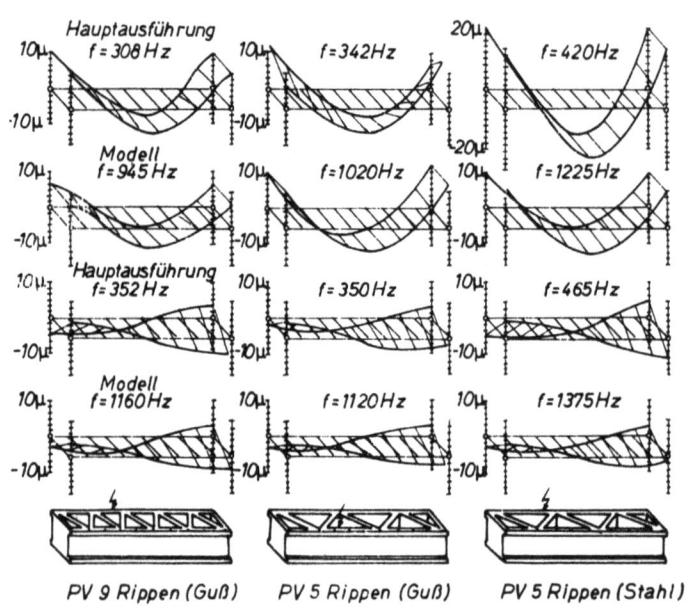

Abbildung 13

Schwingungsformen der Petersverrippungen

müßten entsprechend dem Übertragungsmaßstab, der auch hier in den Koordinaten berücksichtigt ist, zusammenfallen. Die relativ großen Abweichungen sind auf unterschiedliche Flanschverformungen bei Modell und Hauptausführung zurückzuführen. Eine eingehende Untersuchung der Flanschverformungen bei Modell und Hauptausführung ergab, daß sich die Gesamtverformung des Ständers in eine anteilige Flanschverformung und eine Eigenverformung des Ständers aufteilen läßt. Abbildung 16 zeigt, wie die Gesamtstarrheit c_g mit der Flanschstarrheit c_{Fl} und der eigentlichen Starrheit des Ständers c_B verknüpft ist. Die Schraubenverbindung wird hierbei als Feder angesehen und die Flanschverformung f_2 auf die Belastungsstelle reduziert. Trennt man so die anteilige Flanschverformung von der Gesamtverformung, so ergeben sich für Modell und Hauptausführung die in Abbildung 17 dargestellten Verformungskurven, die jetzt noch Fehler von 4 % in bezug auf die theoretischen Übertragungsmaßstäbe enthalten. Diese Ungenauigkeit dürfte erträglich klein sein, wenn man beachtet, daß derartige Versuche in erster Linie Richtwerte für den Konstrukteur ermitteln sollen. Bei Abweichungen von der geometrischen

A b b i l d u n g 14
Ständermodellkörperpaar

Ähnlichkeit, die sicherlich in erträglichen Grenzen notwendig und tragbar sind, ist ohnehin eine exakte Übertragung nicht unbedingt erforderlich.

Es ist also bei zusammengefügten Elementen stets erforderlich, sich ein möglichst genaues Bild von den an verschiedenen Stellen des Versuchsobjektes auftretenden Verformungen zu vermitteln. Ferner ist hier auf die geometrische Ähnlichkeit der Fugenstelle besonders zu achten und das Kräfteverhältnis in den Befestigungsschrauben möglichst exakt einzuhalten.

Für die Verdrehbeanspruchung sind die Verformungskurven in Abbildung 18 aufgezeichnet. Die Steigung der Kurven ist proportional der Torsionssteife. Die Übereinstimmung mit dem theoretischen Übertragungsmaßstab, der in der Ordinate des Diagrammes eingetragen ist, ist hier sehr gut. Bei der Torsionsbeanspruchung ist durch die Proportionalität der Fugenflächen die Ähnlichkeit der Einspannverhältnisse offensichtlich besser gegeben als bei Biegebelastung.

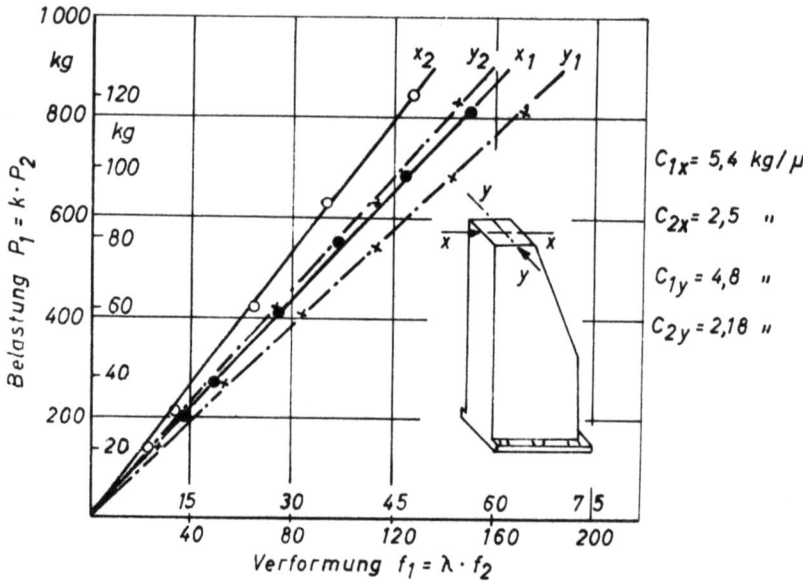

Abbildung 15
Biegesteifen der Ständermodelle

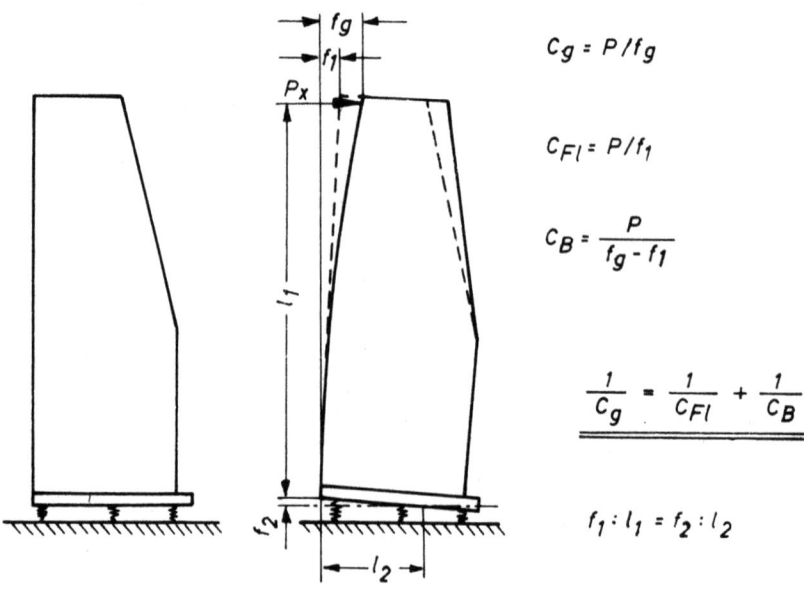

Abbildung 16
Aufteilung der Gesamtverformung

Die dynamische Untersuchung des aufgespannten Ständermodellkörperpaares zeigte grundsätzlich ähnliche Ergebnisse. Die Resonanzkurven in den Abbildungen 19 und 2o zeigen unter Berücksichtigung des Übertragungsmaß-

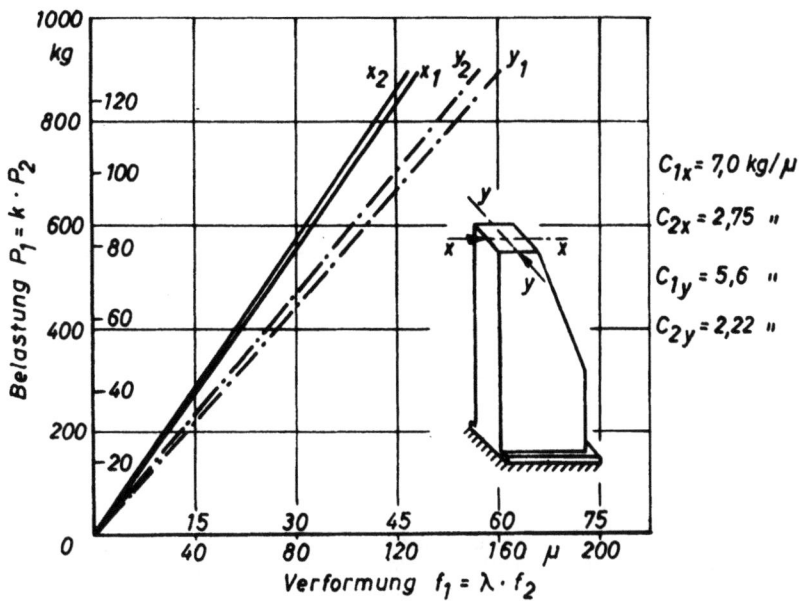

A b b i l d u n g 17

Biegesteifen bei starrer Aufspannung

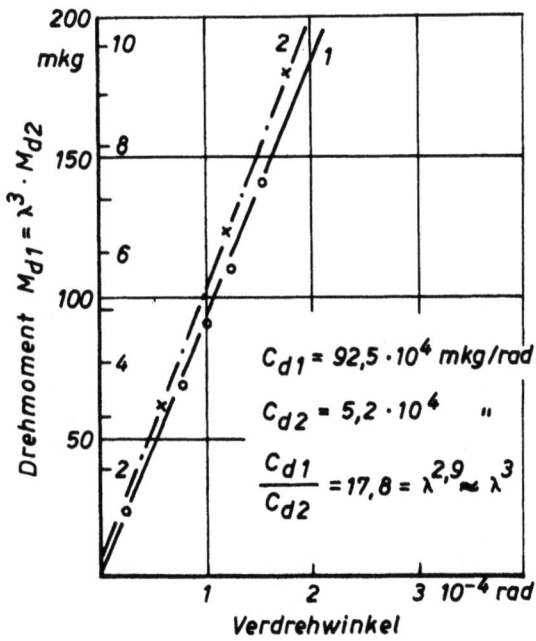

A b b i l d u n g 18

Torsionssteifen der Ständermodelle

stabes gleiche Lage für die niedrigen Eigenfrequenzen. Bei den Schwingungsformen höherer Ordnung treten größere Unstimmigkeiten auf. Die Darstellung der Schwingungsformen in den folgenden Bildern zeigt, daß bei entsprechenden Frequenzen, die in den Resonanzspektren übereinander erscheinen, die Modellkörper gleiche Bewegungen ausführen.

Die Schwingungsformen für die entsprechenden Resonanzen an Hauptausführung und Modell sind in den Abbildungen 21 bis 26 dargestellt. Abbildung 21 zeigt die erste Biegeschwingung der Ständermodelle bei einer Erregung

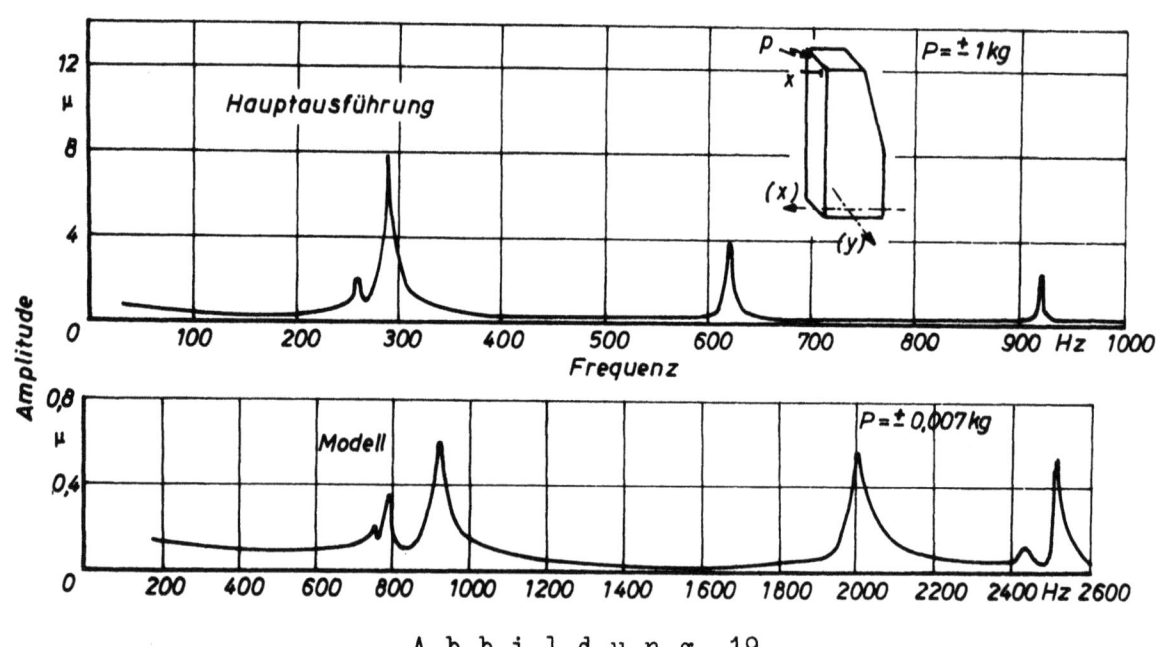

A b b i l d u n g 19

Resonanzkurven bei Erregung in x-Richtung

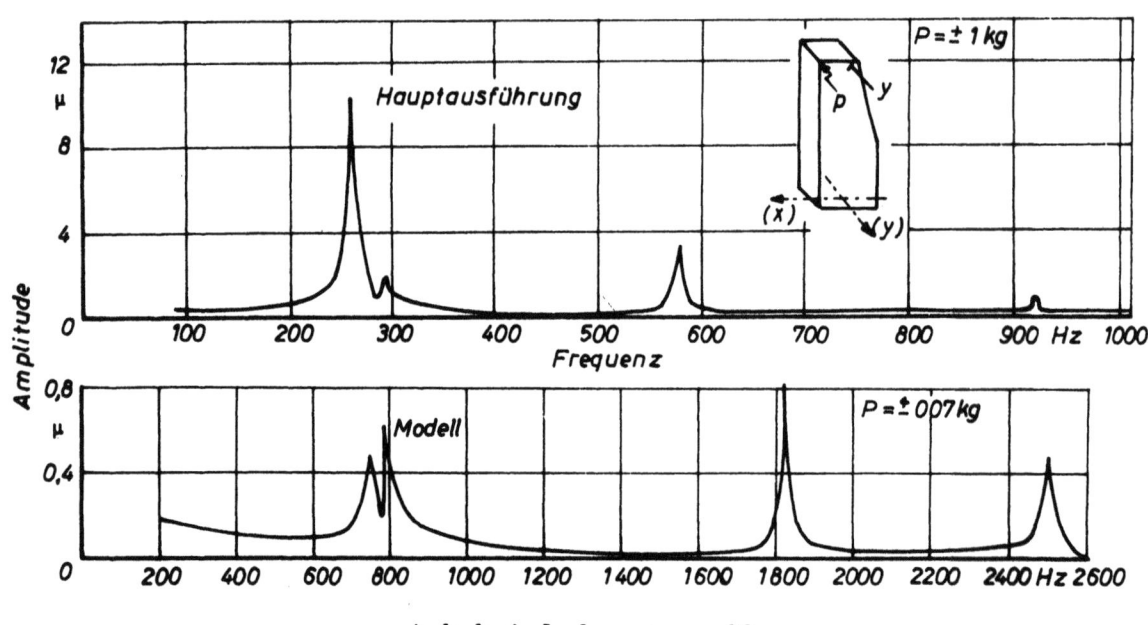

A b b i l d u n g 20

Resonanzkurve bei Erregung in y-Richtung

in x-Richtung. Der besseren Übersicht wegen ist nur die Vorderwand in einer maximalen Auslenkung gezeichnet. Die Schwingungsformen stimmen für Hauptausführung und Modell recht gut überein. Damit ist bewiesen, daß sich die beiden Resonanzen entsprechen. Das Frequenzverhältnis beträgt $f_1 : f_2 = 0,323$ und ist gegenüber dem theoretischen Wert ($f_1 : f_2 = \lambda^{-1} = 0,374$) um 13,5 % zu klein. Bei dieser Schwingungsform handelt es sich um eine Wackelbewegung der Ständer um ihre Aufspannung, was aus der nahezu linearen Amplitudenzunahme mit der Ständerhöhe hervorgeht.

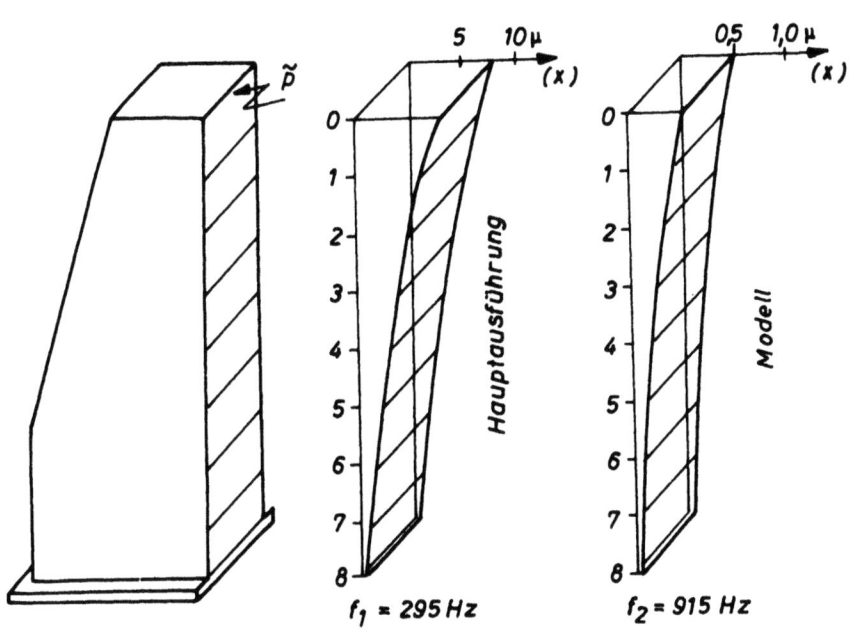

A b b i l d u n g 21

Schwingungsform: Erste Biegeschwingung in x-Richtung

Bei der Schwingungsform nach Abbildung 22 schwingt nur die vordere Wand der Ständer, ähnlich einer Membranschwingung. Der untere Teil wird durch die Horizontalwand im Ständer beeinflußt. Die Übereinstimmung der Schwingungsformen kann auch hier als gut bezeichnet werden. Die Größe der Amplituden ist unterschiedlich, weil die Erregerkräfte für Modell und Hauptausführung nicht im Verhältnis $\varkappa = \lambda^2$ zueinander stehen. Das Frequenzverhältnis beträgt $f_1 : f_2 = 0,308$, die Abweichung -17%. Derartige Schwingungsformen lassen sich jedoch relativ einfach durch eine zweckmässige Verrippung (z.B. Diagonalverrippung der freien Wände) weitgehend unterdrücken und sind daher von untergeordneter Bedeutung.

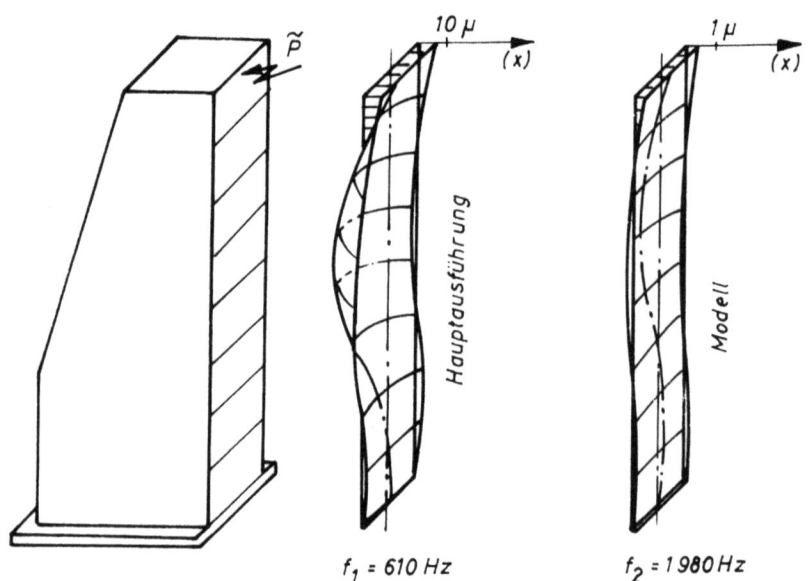

Abbildung 22

Schwingungsform: Plattenschwingung der Vorderwand

In den Abbildungen 23 und 24 sind die Drehschwingungsformen dargestellt, die für beide Richtungen bei den gleichen Frequenzen auftreten. Das Frequenzverhältnis beträgt $f_1 : f_2 = 0,368$ und stimmt sehr gut mit dem

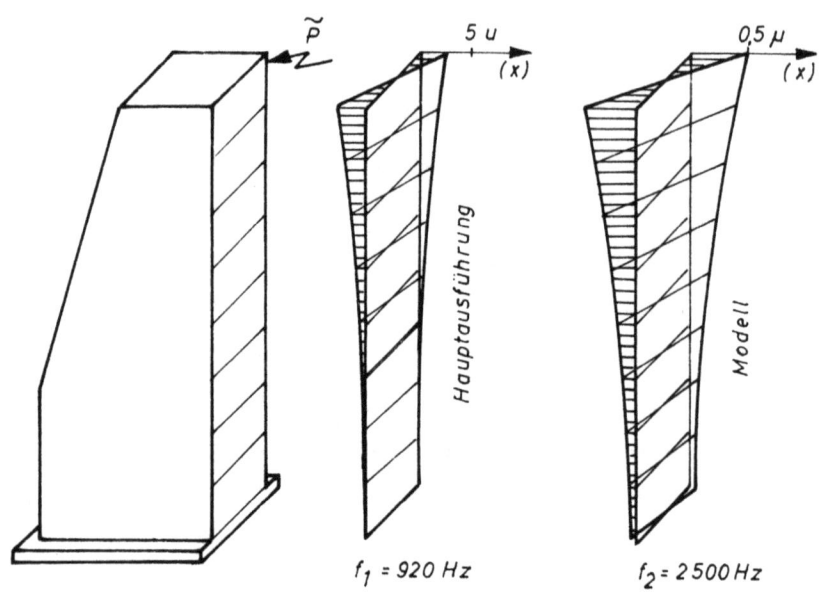

Abbildung 23

Schwingungsform: Erste Torsionsschwingung in x-Richtung gemessen theoeretischen Wert überein (Fehler -2%). Abbildung 25 zeigt die erste Biegeschwingungsform bei einer Erregung in y-Richtung. Der gerade Verlauf der Biegelinie weist wieder auf eine Wackelbewegung um die Flanschstelle hin. Frequenzverhältnisse $f_1 : f_2 = 0,347$ (Fehler - 7%).

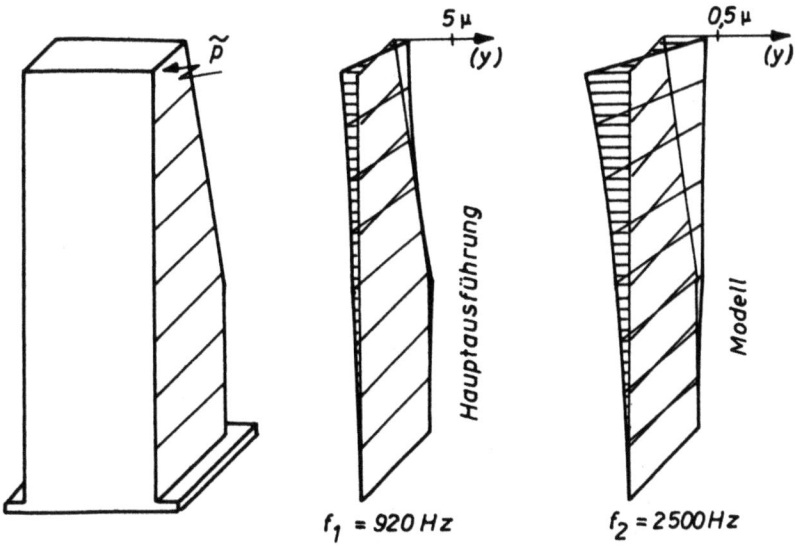

Abbildung 24

Schwingungsform: Erste Torsionsschwingung in y-Richtung gemessen

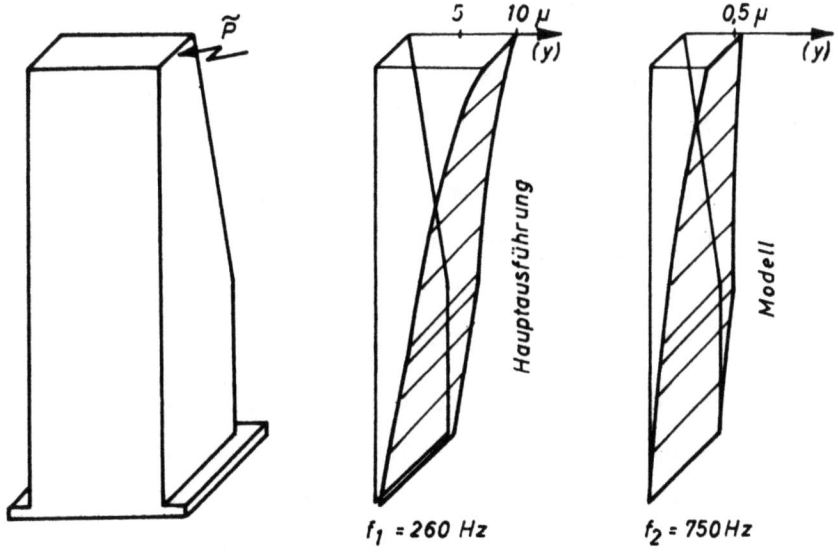

Abbildung 25

Schwingungsform: Erste Biegeschwingung in y-Richtung

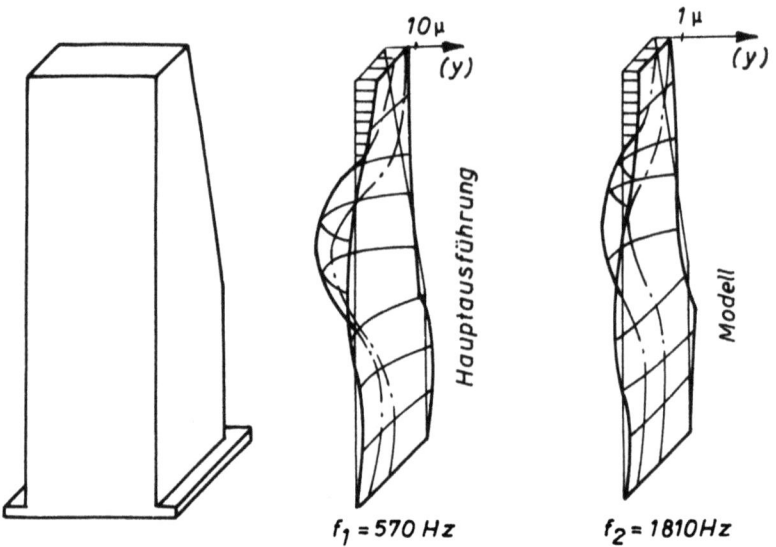

Abbildung 26

Schwingungsform: Plattenschwingung der Seitenwand

Abbildung 26 zeigt die Membranschwingung der Seitenwand. Die Wand wölbt sich bei Hauptausführung und Modell in gleicher Weise in Form eines Schmetterlingsnetzes. Das Frequenzverhältnis beträgt 0,316 (Fehler - 15%). Zu bemerken ist noch, daß derartige Membranschwingungen meist mit starker Schallabstrahlung verbunden sind.

Interessant ist auch hier die Übereinstimmung mit den statischen Meßergebnissen, bei denen die Werte für das Modell alle etwas hoch liegen. Bei den dynamischen Messungen ergeben sich analog dazu relativ zu hohe Eigenfrequenzen des Modells gegenüber der Hauptausführung.

Die Übertragung der Ergebnisse dynamischer Messungen ist demnach ebenfalls grundsätzlich möglich. Diese Tatsache verliert allerdings an Bedeutung, da das dynamische Verhalten einer kompletten Maschine in den meisten Fällen stark von dem der einzelnen Elemente für sich abweicht.

Am Beispiel der Petersverrippung wird gezeigt, daß die Gesamtdämpfung durch die Scheuerwirkung einer lose aufgelegten, geringen Zusatzmasse erheblich beeinflußt werden kann (Abbildung 27). So wie in diesem Beispiel wird bei der kompletten Maschine die Dämpfung durch Reibung in Führungen und Fugen wirksam, und zusätzliche verschiebbare Massen, wie z.B. Support und Reitstock, verändern das Schwingungssystem. Die Zusatzmasse wurde in diesem Versuch nur lose auf das Modell aufgelegt. Die

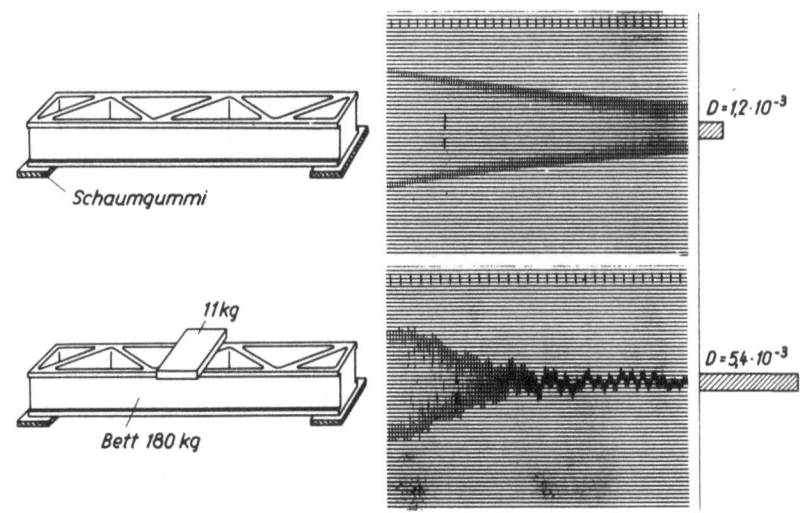

A b b i l d u n g 27

Beeinflussung des dynamischen Verhaltens eines Elementes
durch Zusatzmasse

Wirksamkeit zeigt sich in einer Dämpfungserhöhung von $D = 1,5 \cdot 10^{-3}$ auf $D = 5,4 \cdot 10^{-3}$. Ähnliche Verhältnisse wurden wiederholt bei der Untersuchung von Einzelelementen und kompletten Maschinen festgestellt. Die Arbeit von HEIß [10] behandelt eingehend dieses Problem. Durch konstruktive Maßnahmen kann eine Scheuerwirkung erzeugt werden, die eine beachtliche Verringerung der Amplituden zur Folge haben kann. Das bedeutet aber, daß trotz der guten Übertragbarkeit der Ergebnisse dynamischer Untersuchungen an einzelnen Elementen daraus über das Schwingungsverhalten der gesamten Maschine keine quantitativen Angaben gemacht werden können. Zu diesem Punkt müßten noch weitere Versuche entweder an Modellen kompletter Maschinen oder aber an geometrisch ähnlichen Maschinen verschiedener Größe einer Typenreihe durchgeführt werden. Hierbei wird es sicherlich genauer auf die Einhaltung der Ähnlichkeitsbedingungen ankommen als bei der Untersuchung von Einzelelementen.

2.5 Bedeutung der Modellversuche für den Konstrukteur

Die beiden Versuchsbeispiele zeigen, daß ein Modellversuch recht gut geeignet ist, über die Starrheitskenngrößen einzelner Bauteile Aufschluß zu geben. Besonders bei komplizierten Elementen, die einer Verformungsberechnung sehr schwer zugänglich sind, ist eine Untersuchung an geometrisch ähnlichen Modellen, die weitgehend so ausgelegt werden können, daß die Versuchsdurchführung vereinfacht wird, genauer und wirtschaftlicher als die Berechnung. Die Übertragung der Meßwerte auf die Hauptausführung dürfte bei Beachtung der Ähnlichkeitsbedingungen hinreichend genau sein.

Ein weiterer Vorteil besteht darin, daß bei einem Modellversuch schon vor dem Bau der Hauptausführung eventuell vorhandene Mängel entdeckt und verbessert werden können. Die Wirksamkeit verschiedener Verbesserungen kann dabei schon am Modell untersucht werden.

Liegen für ein Bauelement verschiedene Entwürfe vor, so besteht die Möglichkeit, diese ohne Rücksicht auf geometrische Ähnlichkeit hinsichtlich Materialaufwand und Starrheit zu vergleichen. Eine vereinfachende Bedingung ist nur, daß die Vergleichsausführungen in etwa gleich groß sind, was aber, da es sich in diesem Falle um ein bestimmtes Bauteil einer Maschine handelt, leicht einzuhalten ist.

Derartige Modellversuche bieten ferner die Möglichkeit, den Einfluß häufig vorkommender Einzelheiten - wie z.B. Wanddurchbrüche, Deckel, Verrippungen, Naben, die Ausbildung von Flanschen u.a.m. - auf die Gesamtstarrheit des Bauelementes an vereinfachten Modellen grundsätzlich zu untersuchen. Dadurch können Richtlinien für die Gestaltung dieser Einzelheiten ermittelt werden, die zum Teil Allgemeingültigkeit erreichen können. Außerdem ist bei solchen Versuchen die einfache Variationsmöglichkeit der Modellausführungen von Vorteil, die eine schnelle Bestimmung von Tendenzen gestattet. Man hält dabei alle Bedingungen bis auf die zu untersuchende Einflußgröße konstant.

Im folgenden sei nun an einigen Beispielen das Verfahren der Modelluntersuchung und die Auswertung der Ergebnisse erläutert.

3. Vergleich verschiedener Entwürfe durch Modellversuche

Obwohl durch die Montage der einzelnen Elemente zur kompletten Maschine die Resonanzspektren und somit das Schwingungsverhalten je nach Anzahl und Art der Verbindungsstellen mehr oder weniger stark beeinflußt werden, ist eine Erhöhung der Starrheit der Einzelelemente immer vorteilhaft. Man soll deshalb beim Entwurf eines Bauteiles stets auf eine möglichst starre Ausführung bedacht sein. In den meisten Fällen ist es aber sehr schwierig, den Starrheitsvergleich verschiedener Entwürfe eines Maschinengestelles an Hand von Zeichnungen und Rechnungen durchzuführen. Die Gründe für diese Schwierigkeiten sind einerseits die verwickelten Querschnittsformen solcher Bauteile, die eine Berechnung nur noch näherungsweise gestatten, und andererseits die oft recht unübersichtlichen Einspann- und Verbindungsverhältnisse, die als Randbedingungen in die Berechnungsgleichungen eingehen. Ermittelt man demgegenüber die Starrheitskenngrößen der Vergleichsausführungen empirisch im Modellversuch, bei dem man die Belastungs- und Einspannbedingungen den in der fertigen Maschine herrschenden möglichst getreu nachahmt, so sind die Versuchsergebnisse in vielen Fällen nicht nur genauer, sondern auch mit entschieden geringerem Aufwand zu erlangen.

3.1 Vergleich dreier Drehbankbetten

Als Beispiel für einen solchen Vergleich wurden an drei Drehbankbettmodellen verschiedener Ausführung die Starrheitskenngrößen gemessen. Die drei Versuchskörper zeigt Abbildung 28. Die Hauptabmessungen entsprechen denen der Hauptausführung auf S. 18.

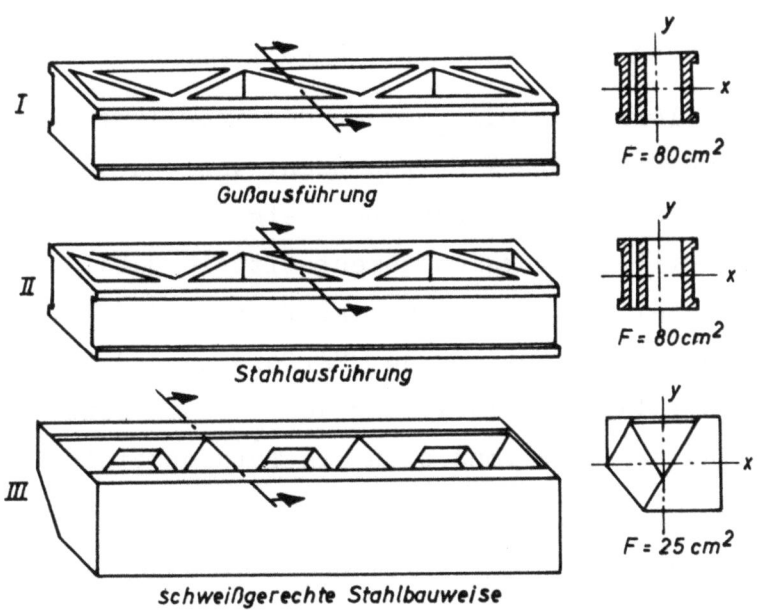

A b b i l d u n g 28
Drehbankbettmodelle für Vergleichsversuche

Oben in diesem Bild ist die bekannte Petersverrippung in Gußausführung dargestellt, darunter eine geometrisch gleiche, aus dicken Stahlblechen geschweißte Ausführung. Zu bemerken ist, daß diese zweite Ausführung hier nur zum Vergleich mit herangezogen wurde, um den Einfluß der unterschiedlichen Werkstoffe deutlich hervorzuheben. In der Praxis wird man für derartige Bauteile diese sogenannte Plattenbauweise ablehnen, weil sie hinsichtlich Material- und Arbeitsaufwand zu kostpielig ist. Hier ist - auch aus diesen Gründen - die unten im Bild skizzierte schweißgerechte Stahlblechkonstruktion günstiger.[1] Die Querschnitte der drei Bettausführungen verhalten sich wie 80:80:25, die Gesamtgewichte betragen für die Ausführung I und II je 60 kg, während die dritte Ausführung (III) nur 21 kg wiegt. Die Werkstoffersparnis beträgt demnach rund 60 %. Auf eine Diskussion der Fertigungskosten bei Guß- und Schweißkonstruktionen, die von zahlreichen anderen Varianten beeinflußt werden und letztlich bestimmend für die Entscheidung Guß oder Stahl sind, soll hier nicht näher eingegangen werden. Im folgenden werden die drei Ausführungen nur bezüglich ihrer Steifigkeit miteinander verglichen.

Beim Biegeversuch wurden die Modellkörper auf zwei Stützen an den Enden aufgelegt und in der Mitte über einen Kraftmeßbügel belastet. Die Maximallast wurde nur so hoch gewählt, daß mit Sicherheit der Bereich der elastischen Verformung nicht überschritten wurde. Dies zeigte sich in der Linearität zwischen Durchbiegung und Belastung. Aus der Steigung dieser Verformungskurven ergibt sich die Biegesteife oder der Starrheitsgrad, der für eine Belastung um beide Hauptträgheitsachsen bestimmt wurde.

Zur Bestimmung der Torsionssteife wurden die Modellkörper zwischen den Spitzen einer schweren Drehbank aufgenommen. Während der eine Endquerschnitt auf der blockierten Planscheibe festgespannt war, wurde über den anderen Endquerschnitt ein Torsionsmoment mittels Hebel und Kraftmeßbügel eingeleitet. Die dabei auftretende Querkraft nahm die Reitstockspitze zum größten Teil auf. Eine Messung der Verformungen der beiden Endquerschnitte ergab die relative Verdrillung des Versuchskörpers. Aus Drehmoment und Verdrehwinkel bestimmt sich die Torsionssteife.

Die statischen Starrheitskenngrößen c_x, c_y und c_d sind für die drei untersuchten Ausführungsformen in Abbildung 29 in einem Säulendiagramm gegenübergestellt. Vergleicht man zunächst die beiden geometrisch gleichen Petersverrippungen aus Guß (I) und Stahl (II), so erkennt man, daß alle drei Kennwerte bei der Stahlausführung ungefähr doppelt so groß sind wie die der Gußausführung. Das Verhältnis der Stoffbeiwerte $E_{Guß}$ und E_{Stahl} bzw. $G_{Guß}$ und G_{Stahl} beträgt ebenfalls etwa 1:2, womit dieser Unterschied auf die Werkstoffeigenschaften zurückzuführen ist. Die Stoffbeiwerte der Gußausführung wurden an Probestäben aus gleicher Charge ermittelt.

---

[1] Dieser dritte Entwurf wurde in einer Arbeitsgemeinschaft unter Leitung von Herrn Oberingenieur W. MÖBIUS entwickelt.

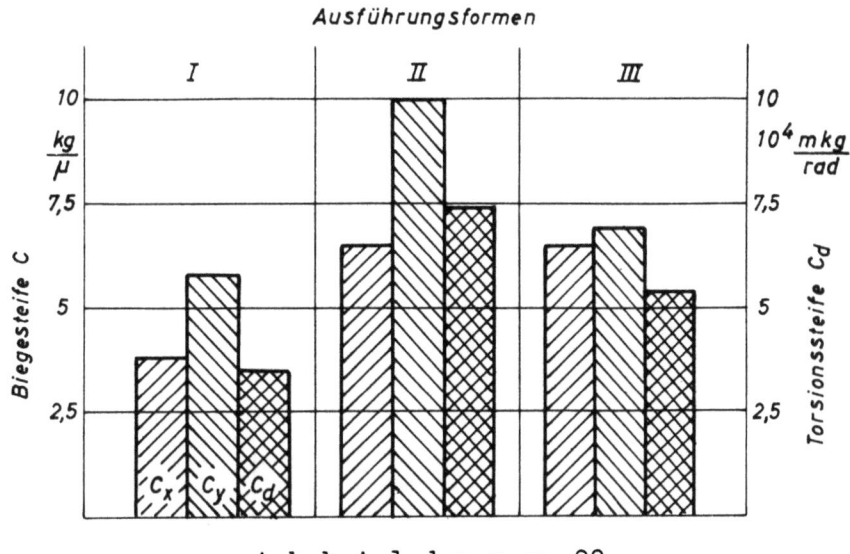

A b b i l d u n g   29
Statische Starrheitskenngrößen

Sie betragen für die vorliegenden Modellkörper:

$$E_{Ge} = 1,28 \cdot 10^4 [kg/mm^2]$$
$$G_{Ge} = 0,51 \cdot 10^4 [kg/mm^2]$$

Die entsprechenden Werte für Stahl betragen:

$$E_{St} = 2,1 \cdot 10^4 [kg/mm^2]$$
$$G_{St} = 0,85 \cdot 10^4 [kg/mm^2]$$

Bei diesen beiden Ausführungen ist also die unterschiedliche Starrheit allein durch die verwendeten Werkstoffe begründet, was wiederum eine Bestätigung der Modellgesetze ist.

Die dritte Ausführung zeigt zunächst ein anderes Verhältnis der Starrheitskenngrößen zueinander, was in der völlig anderen Konstruktion des Bettes begründet ist. Die Werte selbst liegen aber auch betragsmäßig günstiger als die der Gußkonstruktion. Die Biegesteife in x-Richtung gemessen erreicht sogar den Wert der dickwandigen Stahlausführung (II). Die Torsionssteife ist ca. um 80 % besser als die der Gußausführung (I). Die dünnwandige Kastenkonstruktion ist also hinsichtlich der statischen Starrheit trotz des entschieden geringeren Materialaufwandes besser als die Gußkonstruktion in der bisher vielgebauten Ausführung in Petersverrippung.

Bei der dynamischen Untersuchung wurden die Modellkörper an den Enden auf weiche Schaumgummiplatten aufgelegt. Wie zahlreiche Versuche zeigten, kommt diese Art der Lagerung dem Fall eines freischwingenden Elementes sehr nahe. Mittels Wechselkrafterreger und Schwingungsaufnehmer wurden die Eigenfrequenzen der Biegegrundschwingungen um die Hauptachsen und die der ersten Torsionsschwingungsform ermittelt. Die Werte der Eigenfrequenzen sind in Abbildung 30 einander gegenübergestellt. Der Unter-

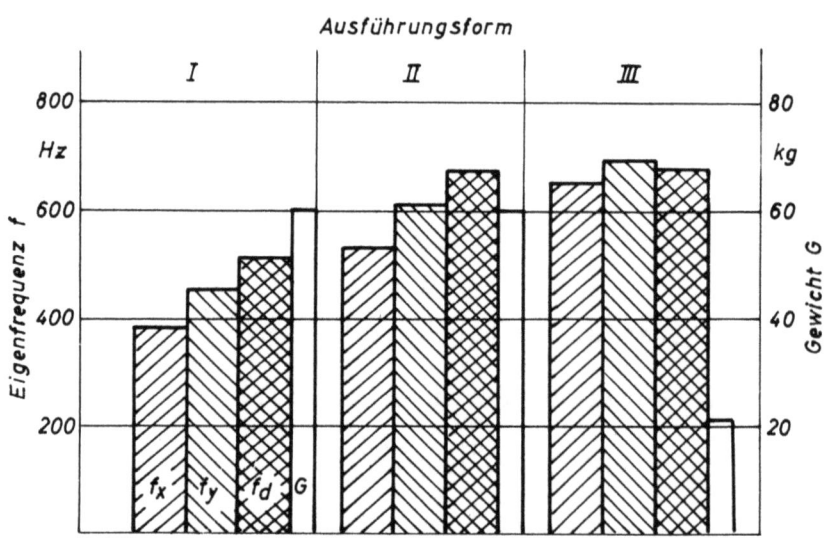

Abbildung 30
Eigenfrequenzen und Gewichte

schied zwischen den beiden Petersverrippungen ist auch hier durch den Werkstoff bedingt. Die Differenz ist geringer als bei den statischen Werten, weil die Frequenzen proportional der Wurzel aus dem Elastizitäts- bzw. Schubmodul sind. Ein Zahlenvergleich bestätigt diese Beziehung.

Die dünnwandige Kastenkonstruktion (III) weist die höchsten Eigenfrequenzen auf. Neben der größeren statischen Starrheit macht sich hier besonders die geringere Masse durch eine Eigenfrequenzerhöhung bemerkbar. Im Diagramm sind neben den Frequenzen die Gewichte der drei Ausführungen durch Säulen nach dem rechten Ordinatenmaßstab dargestellt.

Als weitere dynamische Kenngröße ist in Abbildung 31 die Dämpfung für die drei Modellkörper für die Grundschwingungsformen aufgetragen. Die Dämpfung begrenzt die Amplituden im Resonanzfall und ist damit gleichzeitig ein Maßstab für diese. Dieses Diagramm soll nur zeigen, daß bei einer schweißgerechten Stahlblechkonstruktion das Dämpfungsverhalten dem

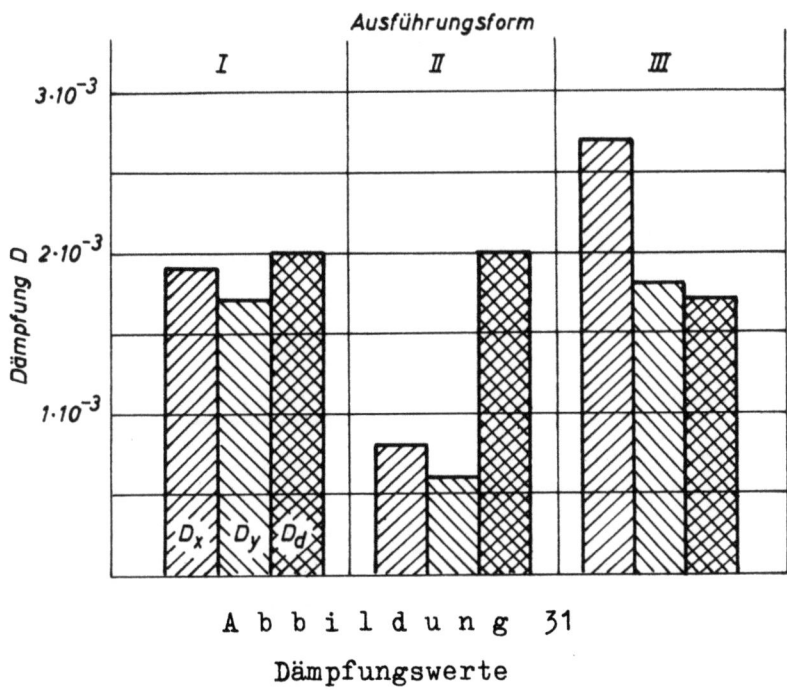

Abbildung 31
Dämpfungswerte

einer Gußkonstruktion nicht nachzustehen braucht.

Bei der geschweißten Petersverrippung sind die Dämpfungswerte sehr klein, da bei derart massiven Plattenkonstruktionen bei Einzelelementen vermutlich nur die Werkstoffdämpfung wirksam wird, wie dies auch bei Gußkonstruktionen der Fall ist. Daß die reine Werkstoffdämpfung bei Stahl geringer ist als bei Gußeisen, ist seit längerer Zeit bekannt und ein oft übermäßig bewerteter Gesichtspunkt bei der Werkstoffwahl. Bei der schweißgerechten Stahlbauweise tritt zur Werkstoffdämpfung auf Grund der Scheuerwirkung in unterbrochenen Schweißnähten ein weiterer Dämpfungsanteil hinzu, der oft um eine Größenordnung höher liegt [10,17,21].

Zur genauen Erfassung der an den drei Modellen auftretenden Dämpfung wurden in einem Versuch die Modelle in den Schwingungsknoten an dünnen Seilen aufgehängt und dann die Abklingvorgänge oszillographisch registriert. Abbildung 32 zeigt das Ergebnis dieses Versuches. Die Dämpfungswerte zeigen die gleiche Tendenz, wie sie auch bei den voraufgegangenen Versuchen beschrieben wurden.

Die hier an den drei Drehbankbetten durchgeführten Vergleichsversuche erleichtern dem Konstrukteur die Entscheidung, welchem Entwurf in bezug auf Starrheit und Materialaufwand der Vorrang zu geben ist. Sicherlich wird seine Entscheidung auch von anderen Gesichtspunkten, besonders von

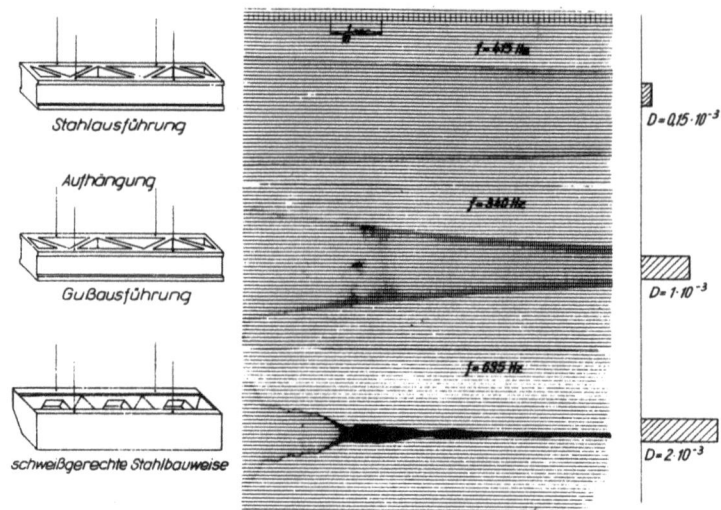

A b b i l d u n g 32
Abklingvorgänge bei freischwingenden Elementen

fertigungstechnischen Fragen, mitbestimmt werden. Darauf näher einzugehen, dürfte allerdings aus dem Rahmen dieser Arbeit herausfallen.

3.2 Zur Berechnung der Torsionssteife von Kastenständern

Die allgemeine Beziehung zwischen Torsionsmoment und Verdrehwinkel eines stabförmigen Bauteiles mit einem über der Torsionslänge konstanten Verdrehwiderstand lautet:

$$M_d = \frac{G I_{pw}}{l} \cdot \varphi \; [\text{mkg}]$$

Das wirksame polare Trägheitsmoment I_{pw} ist ausschließlich von der Querschnittsform der Bauteile abhängig. Seine theoretische Bestimmung bereitet daher besonders bei Querschnittsformen, deren Schubspannungsfluß gestört ist, erhebliche Schwierigkeiten. Für konstanten Querschnittsverlauf sind einige Näherungsverfahren seit längerer Zeit bekannt. Ihre Anwendung erfordert jedoch genaues Einhalten der bei der Entwicklung der Verfahren getroffenen Voraussetzungen, wenn man Fehler, die sehr leicht eine Größenordnung und mehr betragen können, vermeiden will.

Für kreissymmetrische Querschnitte ist nach der Theorie der Flächenträgheitsmomente das polare Trägheitsmoment gleich der Summe der äquatorialen Trägheitsmomente für zwei zueinander senkrechte Achsen in der Querschnittsfläche (1). Die hier gültige Beziehung $I_p = I_x + I_y$ liefert, angewandt bei nicht kreissymmetrischen Querschnitten, Ergebnisse, deren Fehler umso größer sind, je mehr der Querschnitt von der Kreisform abweicht.

Bei Rechteckquerschnitten mit großem Seitenverhältnis sowie auch bei dünnwandigen, rohrförmigen Querschnitten, die an einer Stelle aufgeschnitten und deren Schubspannungsfluß dadurch gestört ist, macht sich dies besonders stark bemerkbar.

Für von der Kreisform abweichende und offene Querschnitte ist demnach das wirksame polare Trägheitsmoment auf eine andere Art zu ermitteln. Für dünnwandige Träger verschiedener Profile sollen im folgenden einige zu diesem Zweck entwickelte Näherungsverfahren diskutiert werden.

a) Das Verfahren nach BREDT [7] erfordert folgende Voraussetzungen:
   1) Die Querschnittsform kann beliebig, muß aber in sich geschlossen sein (Abbildung 33).
   2) Die Wanddicke δ kann variabel, muß aber klein gegenüber der umspannten Fläche sein.
   3) Der Schubfluß $\tau \cdot \delta$ muß über dem ganzen Ring konstant sein.

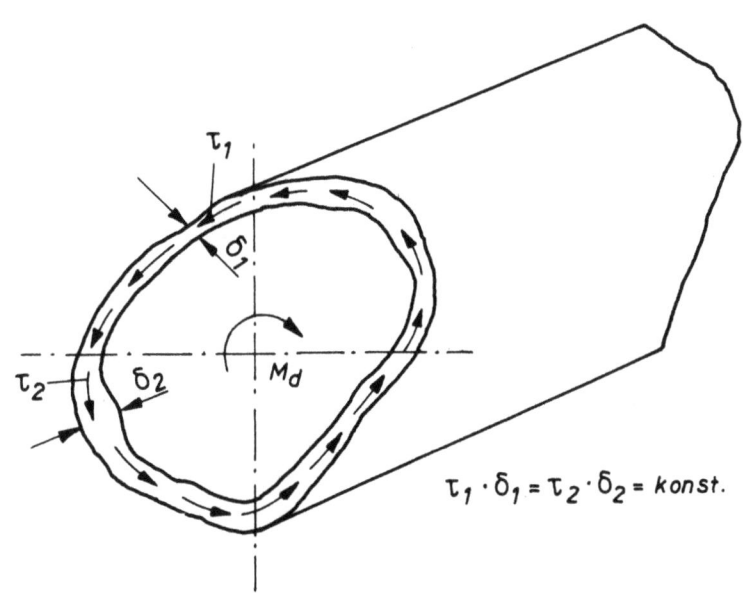

A b b i l d u n g 33

Schubfluß bei tordierten dünnwandigen Rohrstäben

Die Bedingung 3) ist erfüllt, wenn Bedingung 1) erfüllt ist und das Drehmoment M_d über dem Querschnitt gleichmäßig verteilt eingeleitet wird.

Mit diesen Voraussetzungen ergibt sich nach BREDT für das wirksame polare Trägheitsmoment die Beziehung

$$I_{pw} = \frac{4 \cdot F_m^2}{\oint \frac{dl}{\delta}} \; [cm^4]$$

Darin ist F_m die Fläche, die beim Übergang zur Wanddicke $\delta \to 0$ vom Ringquerschnitt umspannt wird. Das Randintegral $\oint dl$ ist dann der Umfang dieser Fläche. Für einen Kastenquerschnitt nach Abbildung 34a gilt damit die Beziehung

$$I_{pw} = \frac{1}{16}(B^2 - b^2)(B+b)^2 \; [cm^4]$$

b) Das Verfahren nach von BOUTTEVILLE [6] ermöglicht die Bestimmung der Verdrehwiderstände von Hohlkörpern, die sich aus dünnen, ebenen Platten zusammensetzen. Dabei sind folgende Bedingungen zu berücksichtigen:

1) Die Wanddicke muß klein gegenüber den übrigen Plattenabmessungen und für eine Wand konstant sein.
2) Die Wände müssen eben sein.
3) Der Schubfluß $\tau \cdot \delta$ muß konstant über dem ganzen Querschnitt sein (d.h. geschlossener Querschnitt).

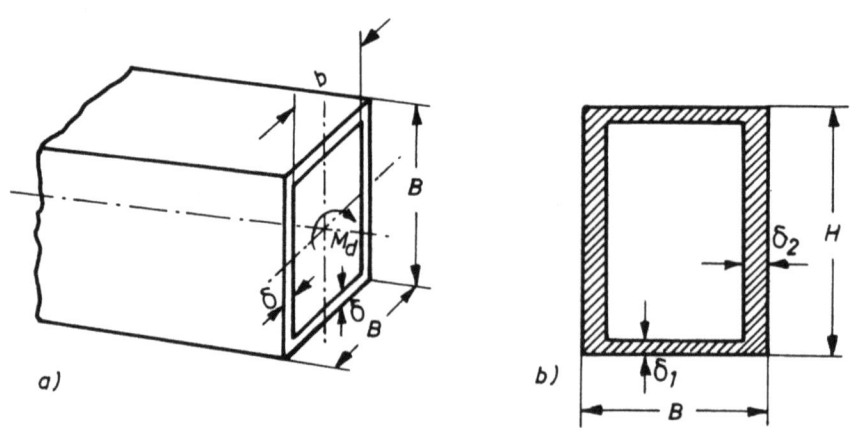

Abbildung 34

Zur Berechnung von kastenförmigen Trägern

Für einen Träger mit quadratischem Hohlquerschnitt nach Abbildung 34 a ergibt sich, wenn diese Voraussetzungen erfüllt sind, bei gleicher Wanddicke δ für alle vier Wände das wirksame polare Trägheitsmoment nach der Beziehung

$$I_{pw} = B^3 \cdot \delta \; [cm^4]$$

Für einen Querschnitt nach Abbildung 34 b lautet die entsprechende Gleichung

$$I_{pw} = 2 \frac{B^2 H^2 \delta_1 \cdot \delta_2}{B\delta_2 + H\delta_1} \; [cm^4]$$

Setzt man hierin zur Kontrolle $B = H$ und $\delta_1 = \delta_2$, so ergibt sich wieder die oben angeführte Gleichung für den quadratischen Querschnitt konstanter Wanddicke.

c) In Anlehnung an das hydrodynamische Gleichnis, bei dem das Stromlinienfeld einer in einem Behälter umfließenden Flüssigkeit mit dem Spannungsfeld des auf Torsion beanspruchten Stabes gleicher Querschnittsform verglichen wird, entwickelte FÖPPL [9] ein Näherungsverfahren, das vornehmlich für lange, schmale Rechtecke ziemlich genaue Werte liefert. Danach ist das wirksame polare Trägheitsmoment für einen Rechteckquerschnitt von der Breite b und der Dicke δ gleich

$$I_{pw} = \frac{1}{3} b \cdot \delta \; [cm^4]$$

Für Querschnittsformen, die sich aus mehreren schmalen Rechtecken zusammensetzen, wie z.B. die handelsüblichen Trägerprofile L, T, I, U, Z, ergibt sich das Gesamtträgheitsmoment aus der Summe der Trägheitsmomente der einzelnen rechteckigen Teilquerschnitte zu

$$I_{pw} = \frac{1}{3} \sum_i b_i \delta_i^3 \; [cm^4]$$

Für die einzelnen Profile führt FÖPPL noch einen Korrekturfaktor η ein, der 1,0 bis 1,3 beträgt. Dabei ist $\eta = 1,3$ für das U-Profil angegeben.

In Abbildung 35 sind für einige Querschnittsformen die Näherungsformeln für das wirksame polare Trägheitsmoment zusammengestellt.

Für einen Kastenträger mit quadratischem Hohlquerschnitt nach Abbildung 34 a ergaben sich nach den anwendbaren Verfahren folgende Werte:

$I_{pw} = 23,6 \; cm^4$ nach BREDT errechnet

$I_{pw} = 25,0 \; cm^4$ nach von BOUTTEVILLE errechnet

$I_{pw} = 23,5 \; cm^4$ im Modellversuch empirisch ermittelt.

Die Abmessungen entsprechend Abbildung 34 a waren: $B = 50$ mm; $\delta = 2$ mm.

Dieser Vergleich zeigt, daß die Näherungsverfahren für Träger mit konstantem, in sich geschlossenem Querschnitt gute Ergebnisse liefern. Sobald jedoch Wanddurchbrüche oder Rippen und Naben den Querschnittsverlauf stören, versagen diese Näherungsverfahren. Hier liefert allein der Modellversuch zuverlässige Ergebnisse.

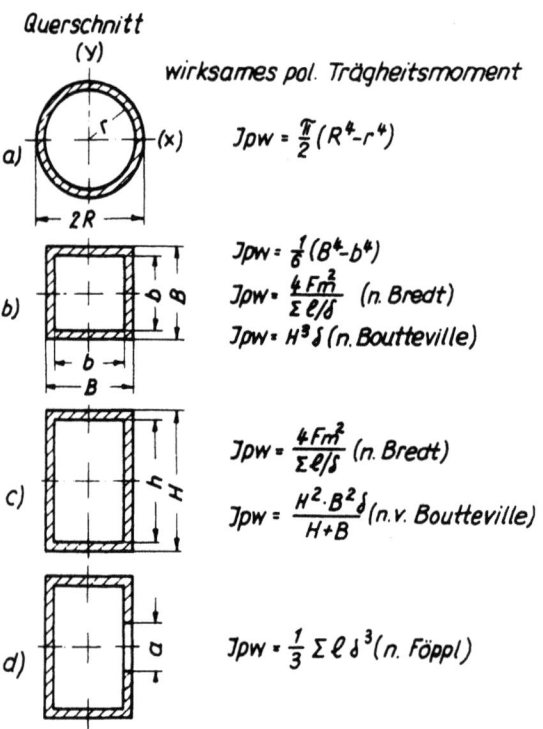

Abbildung 35
Torsionswiderstand verschiedener Querschnitte

4. Der Einfluß konstruktiver Einzelheiten auf die Starrheit der Gestellelemente.

4.1 Wanddurchbrüche in kastenförmigen Bauteilen

Ständer und Betten von Werkzeugmaschinen sind aus Montagegründen oder wegen eines günstigen Spanablaufes an vielen Stellen mit Wanddurchbrüchen versehen, die sich auf die Starrheit immer ungünstig auswirken. Wie groß der Starrheitsabfall gegenüber Elementen mit geschlossenem Querschnitt ist, wurde an einigen stark vereinfachten, dünnwandigen Kastenständermodellen in Abhängigkeit von der Größe, Lage und Form solcher Wanddurchbrüche untersucht. Die hier gemessenen Werte beschränken sich auf die statischen Starrheitskenngrößen, da aus weiter oben schon dargelegten Gründen den Ergebnissen dynamischer Untersuchungen bei Einzelelementen keine allzu große Bedeutung beizumessen ist.

4.11 Starrheitsabfall durch Querschnittstörungen

An Kastenständern mit zwei Millimeter Wanddicke bei einer Kastenhöhe von 50 mm und einer Gesamtlänge von 250 mm wurden die Biegesteifen bei Querkraftbiegung um die Hauptachsen und die Torsionssteife in Abhängigkeit von der Größe einer Bohrung in der Mitte einer Kastenwand gemessen. Abbildung 36 zeigt den Verlauf der gemessenen Werte. Um von den Abmessungen unabhängig zu werden, sind die Werte des geschlossenen Kastens gleich 100 % gesetzt und der Abfall prozentual aufgetragen worden. In der Abszisse ist der Bohrungsdurchmesser d auf die Breite H der Kastenwand bezogen. Die Größe des Starrheitsabfalles geht aus den Kurven hervor. Die größere Durchbiegung in y-Richtung ist auf die gegenüber der x-Richtung größere Verformung durch Schub zurückzuführen, da hier die unsymmetrische Lage der Störung eine Änderung von der quadratischen Querschnittsform verursacht. Der Unterschied ist allerdings sehr gering. Wesentlich ist, daß die Torsionssteife einen etwa doppelt so großen Abfall zeigt wie die Biegesteifen. Dieses Ergebnis gilt für alle ähnlichen Kastenabmessungen, die bei Werkzeugmaschinenteilen in erster Näherung, bezüglich der Ausmaße im Verhältnis zur Wanddicke, den hier gewählten proportional sind. Der Modellversuch erweist sich hier besonders zur Bestimmung der Torsionssteife solcher Bauteile als vorteilhaft. Die in Abbildung 36 dargestellten Versuchsergebnisse zeigen den Verlauf bis zu einem Verhältnis Bohrungsdurchmesser zu Kastenbreite $d/H = 0,4$, da bei derartigen

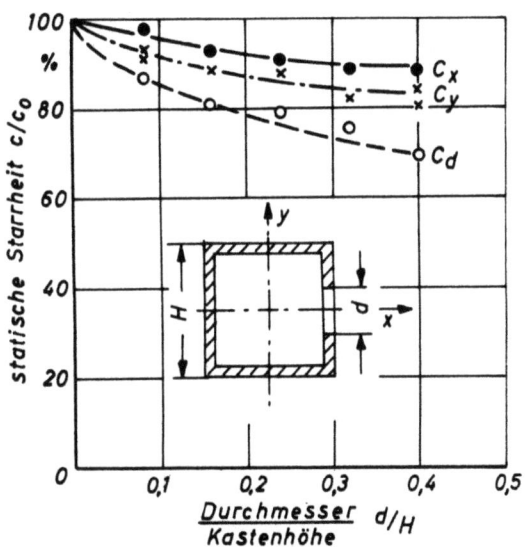

A b b i l d u n g 36

Statische Starrheit eines Kastenständers

Maschinenteilen mit diesem Wert das übliche Grenzmaß für kreisrunde Wanddurchbrüche in dünnwandigen Ständern erreicht sein dürfte.

Der Verlauf des Verdrehwinkels in Abhängigkeit von der Längenausdehnung eines Wanddurchbruches geht aus Abbildung 37 hervor. Die Steigung der Kurve ist umgekehrt proportional der Torsionssteife. An der Durchbruchstelle nimmt der Verdrehwinkel weit stärker zu als an den ungestörten Teilen des Ständers. Der Einfluß der Bohrung dehnt sich etwa über den

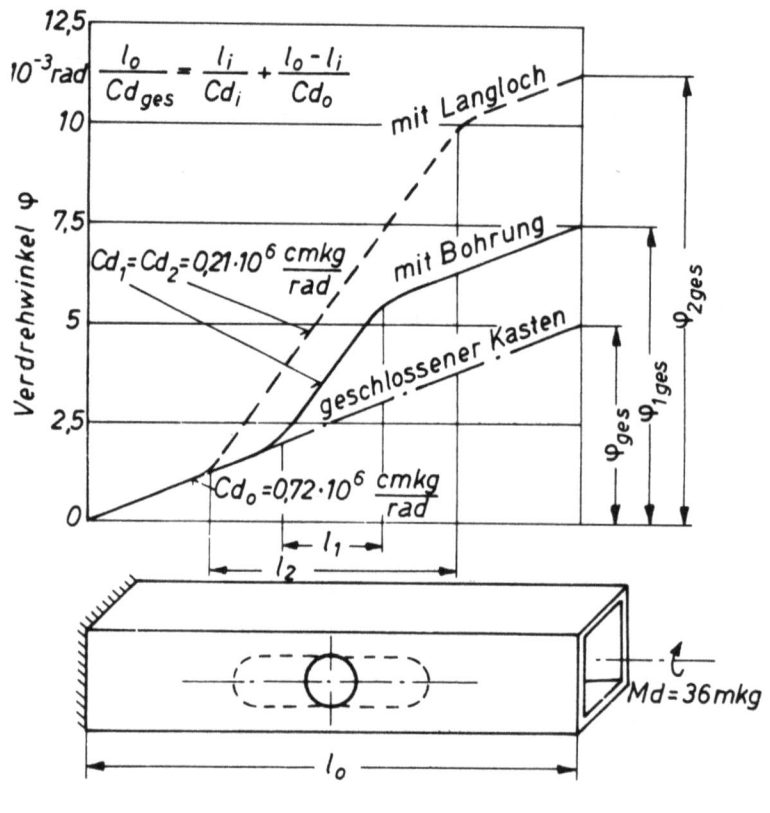

Abbildung 37
Verdrehwinkel und Torsionssteife

doppelten Bohrungsdurchmesser aus (in der Abbildung mit l_1 bezeichnet). Über diesen Bereich ist die Torsionssteife entsprechend gering. Bei Kästen mit Langlöchern in einer Wand bedeutet das aber, daß die Gesamtstarrheit wesentlich stärker beeinflußt wird, da der gestörte Bereich (in der Abbildung mit l_2 bezeichnet) im Verhältnis zur Gesamtlänge des Ständers relativ groß ist. Der Einflußbereich ist bei einem Langloch ungefähr um die Breite des Langloches größer als die Länge des Durchbruches. Der Gesamtverdrehwinkel für den geschlossenen und die beiden gestörten Kästen ist für eine konstante Belastung rechts im Bild angegeben. Die Reziprokwerte der auf die einzelnen Teillängen bezogenen Torsionssteifen addieren sich wie die Federkonstanten hintereinandergeschalteter Federn zur Gesamttorsionssteife.

In zahlreichen weiteren Versuchen konnte bestätigt werden, daß bei dünnwandigen Kästen die Torsionssteife durch Langlöcher in den Wänden besonders stark abfällt. Maßgeblich verantwortlich für diese Erscheinung ist die Störung des Schubspannungsflusses in den offenen Querschnitten. Die Torsionssteife c_d ist durch die Beziehung

$$C_d = \frac{M_d}{\varphi} = \frac{G \cdot I_{pw}}{l} \; [mkg/rad]$$

mit dem Schubmodul G, dem wirksamen polaren Trägheitsmoment J_{pw} und der Torsionslänge l verknüpft. Bei einer Berechnung bereitet allein die theoretische Bestimmung des wirksamen polaren Trägheitsmomentes bei offenen Querschnitten, die sich meist nur zum Teil über die Torsionslänge erstrecken, außerordentliche Schwierigkeiten (40). Zahlreiche Näherungsverfahren, die zur Lösung dieses Problemes entwickelt wurden, basieren auf Annahmen, die von Fall zu Fall auf ihre Richtigkeit und Berechtigung genau zu überprüfen sind, wenn man gröbere Fehler vermeiden will. Das Verfahren von FÖPPL ist für die Bestimmung des wirksamen Verdrehwiderstandes von Profilträgern mit offenen, über die Länge konstanten Querschnitten recht gut geeignet. Die Verfahren von BREDT und von BOUTTEVILLE liefern bei dünnwandigen, kastenförmigen Trägern mit geschlossenem Querschnitt sehr gute Ergebnisse. Bei Elementen, wie sie in den vorliegenden Versuchen beschrieben werden, sind diese Verfahren jedoch nicht mehr mit Erfolg anwendbar. Ein Versuch, die Torsionssteife für die einzelnen Teillängen der Kästen, die dann mit konstantem offenem bzw. geschlossenem Querschnitt in die Rechnung eingeführt werden, zu bestimmen, liefert nur dann brauchbare Ergebnisse, wenn die Einflußgebiete der Störungen bekannt sind. Diese sind aber für verschiedene Wanddurchbrüche je nach Lage und Form am sichersten für einen bestimmten Fall im Modellversuch zu ermitteln. Bei dem Versuch kann dann allerdings auch gleich die Gesamttorsionssteife des vorliegenden Bauteiles gemessen werden, so daß die Rechnung nur noch der Kontrolle dient.

Die Ergebnisse dieser Versuche können für überschlägige Berechnungen durchaus Verwendung finden. Wenn sie erst in genügender Anzahl vorliegen, werden sich die meisten praktisch vorkommenden Bauteile in ihrer Form sehr leicht mit guter Näherung auf ein bereits untersuchtes Modell zurückführen lassen. Hier sei nochmals auf die Vielfältigkeit der Ergebnisse von Modellversuchen hingewiesen, die auf Grund ihrer dimensionslosen Darstellung Gültigkeit für alle geometrisch ähnlichen Ausführungen besitzen.

4.12 Starrheitszunahme durch Abdeckplatten

Die im vorigen Abschnitt beschriebenen Wanddurchbrüche sind für die Montage von Getriebegruppen und anderen Aggregaten bei den praktisch vorkommenden Werkzeugmaschinengestellen erforderlich. Die vollständig geschlossene Bauweise als Idealfall läßt sich deshalb nie ganz verwirklichen. Als Kompromißforderung gilt demnach, derartige Durchbrüche so klein wie eben möglich zu halten, sie an solchen Stellen im Kraftfluß anzuordnen, daß dieser möglichst wenig gestört wird und lange, schmale Durchbrüche weitgehend zu vermeiden. Ferner werden in der Praxis die Wanddurchbrüche in Ständern und Getriebekästen durch Abdeckplatten oder Deckel wieder verschlossen. Dadurch wird zwar das äußere Bild der Maschine wieder hergestellt. Welchen Einfluß jedoch diese Maßnahme auf die Starrheit hat, sei am folgenden Versuchsbeispiel erläutert.

Je nach Stärke und Befestigungsart, konstruktiver Form und Anordnung solcher Deckel wird der Einfluß auf die Starrheit unterschiedlich sein. Auch wird sich das statische und dynamische Verhalten verschieden stark ändern.

Abbildung 38 zeigt die Ergebnisse einer Versuchsreihe, bei der der Einfluß eines Langloches mit zwei verschiedenen Deckeln auf die statische Starrheit eines Kastenständers ermittelt wurde. Die Abmessungen des Langloches betragen 40 % der Kastenlänge und 40 % der Kastenbreite. Die gemessenen Beträge der Starrheitskenngrößen sind alle auf die entsprechenden des geschlossenen Kastens bezogen. Die geringen Unterschiede zwischen den Biegesteifen in x- und y-Richtung (ca. 2 %) wurden vernachlässigt.

Beim Kasten mit Langloch sinkt zunächst die Biegesteife für beide Richtungen um ca. 15 % ab. Weit gefährlicher ist der Abfall der Torsionssteife, die auf 28 % der Steife des geschlossenen Kastens sinkt.

In der nächsten Versuchsphase wurde das Langloch durch einen aufgeschraubten Deckel, dessen Dicke der Wanddicke des Modells gleich war,

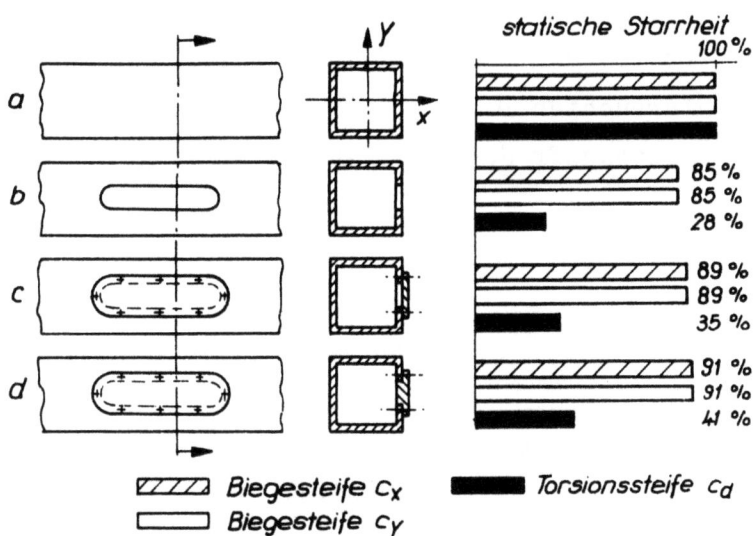

Abbildung 38

Statische Starrheit bei Kästen mit Langloch und Deckeln

verschlossen. Dadurch wurde die Biegesteife um 4 % und die Torsionssteife um 7 % gegenüber dem offenen, bezogen auf die Werte des geschlossenen Kastens, erhöht. Ein Deckel, der in den Durchbruch eingepaßt wurde und über der Durchbruchfläche die doppelte Dicke der Kastenwand aufwies, brachte eine Verbesserung der Biegesteife um 6 %, während die Torsionssteife um 13 % wieder anstieg. Die Ausgangswerte, gemessen am geschlossenen Kasten, werden also auch durch den starken, gut eingepaßten Deckel nicht wieder erreicht. Vor allem die Torsionssteife bleibt weit hinter dem ursprünglichen Wert zurück. Eine Störung des Schubspannungsflusses in einem Querschnitt, der durch eine Unterbrechung des Materials hervorgerufen wird, wirkt demnach so sehr schädlich auf die Starrheit, daß es nicht möglich ist, den Schaden auch nur annähernd durch aufgeschraubte Deckel wieder zu beheben.

Bei der dynamischen Untersuchung der Kastenmodelle mit Langloch und Deckeln ergaben sich ähnliche Verhältnisse (Abbildung 39). Eigenfrequenzen und Dämpfungen sind hier für die Biegegrundschwingungen in x- und y-Richtung und für die erste Torsionsschwingung in Prozent der entsprechenden Werte des vollständig geschlossenen Kastens aufgetragen. Der Abfall der Biegeeigenfrequenzen bei einem Kasten mit Langloch gegenüber einem geschlossenen Querschnitt ist gering (etwa 10 %). Durch beide Deckelausführungen (aufgeschraubter bzw. eingepaßter Deckel) wird aber trotzdem der ursprüngliche Wert nicht wieder erreicht. Beide Deckel vergrößern auf Grund der Scheuerwirkung die Dämpfungswerte für die Resonanzfrequenzen der Biegeschwingungsformen.

Die Torsionseigenfrequenz fällt bei einem Kasten mit Langloch zunächst auf ca. 70 % ab, was von den statischen Versuchen her ebenfalls zu erwarten war. Die untersuchten Deckelausführungen bringen hingegen wieder einen Anstieg der Resonanzfrequenzen auf ca. 90 % des Wertes bei einem

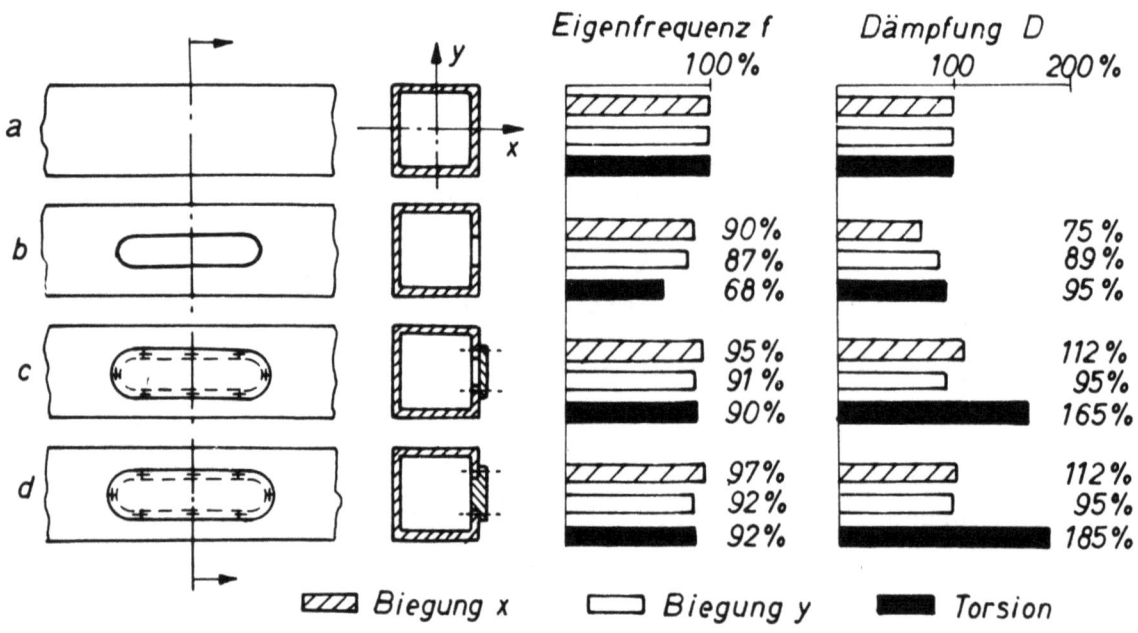

Abbildung 39

Dynamische Kenngrößen bei Kästen mit Langloch und Deckeln

geschlossenen Kasten. Hinzu kommt noch die bessere Scheuerwirkung bei Verdrillung, was sich in der Erhöhung der Dämpfungswerte zeigt. Eine Erhöhung der Dämpfung bewirkt eine Verkleinerung der Resonanzamplituden. Bei den geringen Dämpfungen (Größenordnung 10^{-3}) kann schon eine kleine Änderung der Aufspannverhältnisse die Dämpfung stark beeinflussen. Aus diesem Grunde wurden beim Versuch Aufspannung und Erregerkraft nicht verändert, sondern nur die beiden Deckel ausgewechselt, so daß allein dieser Einfluß erfaßt werden konnte.

Den geringen Unterschieden in der Lage der Eigenfrequenzen für die beiden Hauptträgheitsachsen ist keine besondere Bedeutung beizumessen, da sie in der Größenordnung der Meßgenauigkeit liegen. Die Diskrepanz gegenüber den statischen Werten in den Abbildungen 36 und 38 ist für diese Untersuchungen deshalb uninteressant, weil Unterschiede von wenigen Prozent für eine Änderung der Konstruktion nicht ausschlaggebend sein dürften.

Aus denselben Gründen wurde bei den Versuchen ebenfalls auf eine genauere Analyse des Einflusses der Deckel auf die Starrheitskennwerte verzichtet. Durch die Abdeckung des Langloches wird einerseits die statische Federsteife des Kastens erhöht, was eine Erhöhung der Eigenfrequenz zur Folge hat. Andererseits vergrößert sich die gesamte schwingende Masse um die des Deckels, was theoretisch eine Verringerung der Eigenfrequenz bewirkt. Nun ist aber die Deckelmasse im Verhältnis zur Gesamtmasse des Modellkörpers sehr klein (kleiner als 5 %), so daß der Masseneinfluß gegenüber der Änderung der Federsteife vernachlässigbar klein ist, obwohl auch die Steifigkeit nicht wesentlich durch die Deckel vergrößert wird.

4.2 Einfluß von Querschnittstörungen auf die Starrheit ebener Platten

Die Wände von Ständern und Getriebekästen werden häufig in den Durchbrüchen durch achsial belastete Wellen oder Spindeln wie ebene Platten auf Biegung beansprucht. Der Verformungsmechanismus müßte sich demnach grundsätzlich an einfachen Platten studieren lassen. Die Durchbiegung einer frei aufliegenden kreisrunden Platte konstanter Dicke läßt sich nach den Regeln der Festigkeitslehre genügend genau berechnen (1). Ist diese Platte mit Duchbrüchen, Rippen und Naben versehen, so ist eine statische Berechnung schon entschieden schwieriger. Der Modellversuch kann hier aber wiederum Richtlinien und Tendenzen für die Verformungszunahme in Abhängigkeit von der Größe, Lage und Anzahl der Durchbrüche vermitteln.

4.21 Einfluß von Lage und Größe einer Bohrung auf die Starrheit einer ebenen, kreisrunden Platte

In einer Versuchsreihe wurden an frei aufliegenden Platten die Durchbiegungen bei Beanspruchung durch eine Einzellast in der Mitte gemessen. Diese Durchbiegungen sind abhängig von der Größe und von der Exzentrizität der Bohrung. Die Verformung der ungestörten Platte wurde bei der Darstellung der Abhängigkeiten als Bezugsgröße gewählt. Abbildung 40 zeigt die relative Verformungszunahme einer Platte mit Bohrung aufgetragen über dem Verhältnis Bohrungsdurchmesser zu Plattendurchmesser und Exzentrizität der Bohrung bezogen auf den Plattendurchmesser.

Das Raumdiagramm zeigt mit wachsender Exzentrizität kleiner werdende Verformungszunahmen. Bei größeren Bohrungsdurchmessern steigt die Ver-

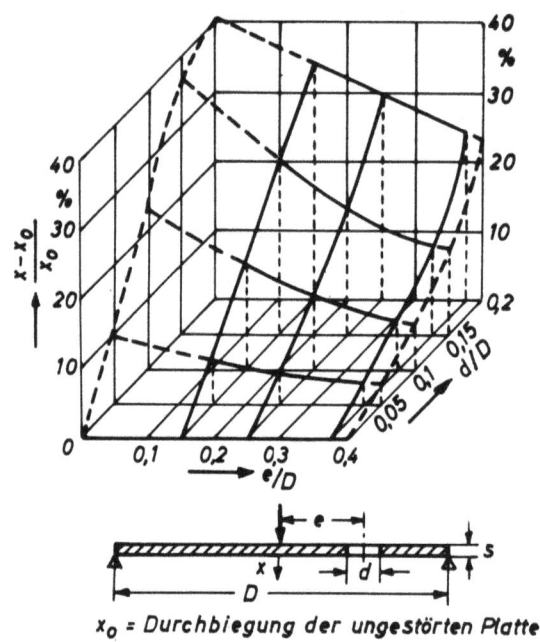

A b b i l d u n g   40

Verformungszunahme bei Platten mit einer Bohrung

formungszunahme an. Die im vorliegenden Diagramm voll ausgezogenen Bereiche sind mit Meßpunkten belegt, während die gestrichelt dargestellten Kurventeile extrapoliert sind. Allgemein ergibt sich aus dem Diagramm die Richtlinie, große Bohrungen und Durchbrüche in der Nähe der Mitte einer Kastenwand möglichst zu vermeiden oder aber durch entsprechende Naben oder Verrippungen zu versteifen. Wie sich derartige Versteifungen in Abhängigkeit von den Abmessungen auswirken, wird weiter unten noch näher erläutert.

Sind in einer Platte mehrere Bohrungen auf konzentrischen Kreisen angeordnet, so verläuft die Verformungszunahme in Abhängigkeit von der Anzahl der Bohrungen nach RESCHETOW und KAMINSKAJA [32] nahezu linear, wie Abbildung 41 zeigt. Besteht die Belastung nicht wie in den bisherigen Beispielen aus eine Einzellast, die in der Mitte senkrecht auf die Platte wirkt, sondern aus einer Kraft, die gleichmäßig verteilt auf den Bohrungsrand eingeleitet wird - wie z.B. durch Achsialschub von Spindeln und Wellen in Getriebekästen -, so zeigt sich ein Verlauf der Verformungszunahme nach Abbildung 42. Die Kurven für verschiedene Exzentrizitäten zeigen ein Maximum. Die Erklärung dafür ist folgende: Bei kleinen Bohrungsdurchmessern erfolgt der Kraftangriff auf einer relativ kleinen

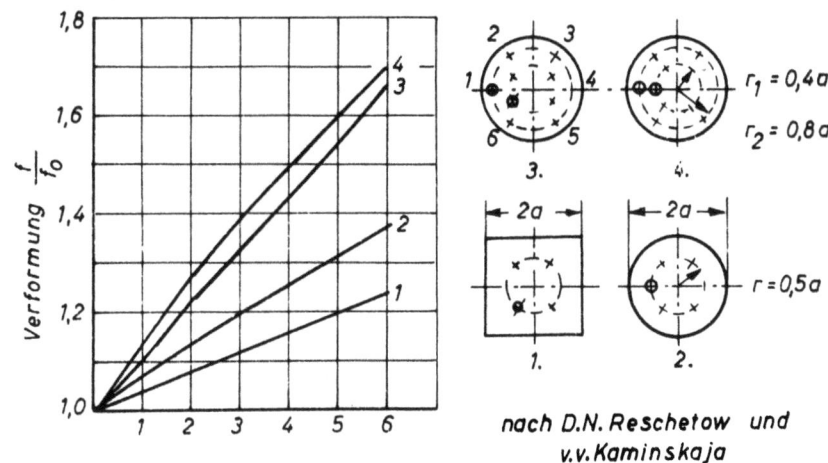

Abbildung 41

Verformungszunahme bei Platten mit mehreren Bohrungen

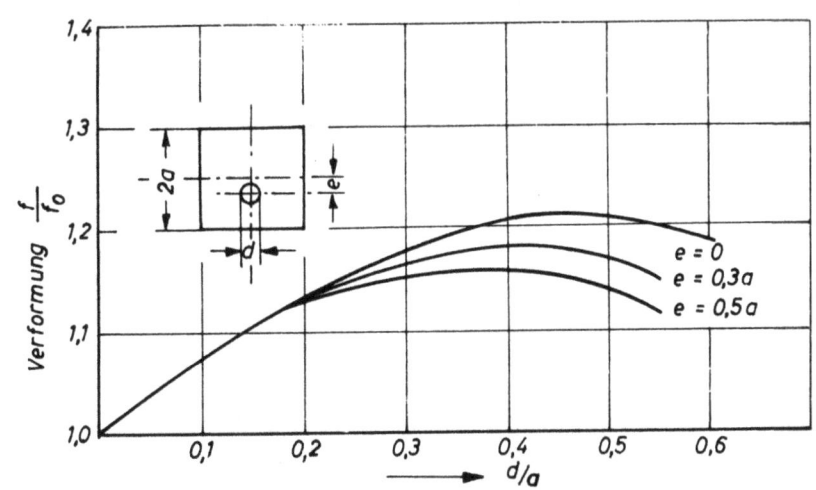

Abbildung 42

Verformungszunahme bei Platten mit einer Bohrung und Kraftangriff am Bohrungsrand

Fläche und kommt somit einer Punktlast nahe. Bei größeren Bohrungen wird einerseits eine größere Ringfläche zur Lastaufnahme herangezogen und andererseits diese Zone weiter zum Rand der Platte verschoben. Dadurch ist bei gleicher Last die Verformung geringer. Mit wachsender Exzentrizität der Bohrung verschiebt sich das Verformungsmaximum zu kleineren Durchmessern.

4.22 Einfluß von Naben auf die Starrheit einer durchbohrten Platte

Es ist naheliegend, Bohrungsränder durch Naben zu verstärken. Die Wirksamkeit derartiger Versteifungsmaßnahmen ist von der Nabenhöhe und vom Nabendurchmesser abhängig. Abbildung 43 zeigt den Verlauf von Starrheit und Verformung in Abhängigkeit vom Verhältnis Nabendurchmesser D zu Bohrungsdurchmesser d für eine mittlere, konstante Exzentrizität der Bohrung. Die Nabenhöhe ist in dieser Versuchsreihe ebenfalls konstant, und zwar gleich der doppelten Plattendicke, gewählt worden.

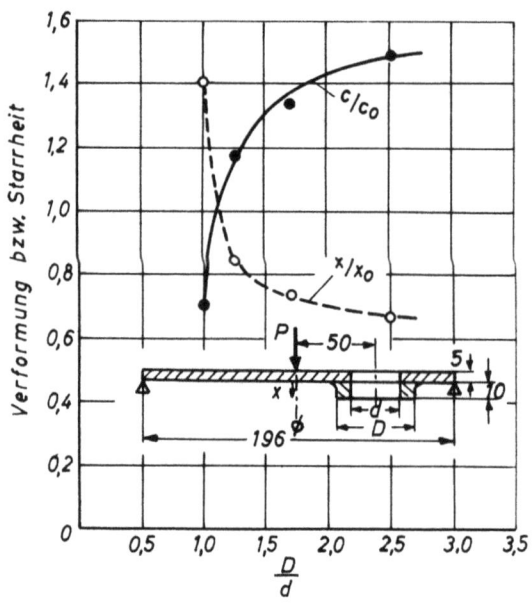

A b b i l d u n g   43

Verformungszunahme in Abhängigkeit vom Nabendurchmesser

Man erkennt, daß bei den vorliegenden Maßverhältnissen die Platte ohne Nabe (D/d = 1) nur etwa 75 % der Starrheit einer ungestörten Platte aufweist. Bei einer relativ dünnen Nabe (D/d = 1,2) wird jedoch schon die Starrheit der ungestörten Platte wieder erreicht. Bei weiterer Vergrösserung des Verhältnisses D/d wird zunächst die Starrheit noch beträchtlich erhöht. Der Verlauf wird dann bei etwa D/d = 2,0 schon sehr flach. Das bedeutet, daß eine weitere Vergrößerung des Nabendurchmessers starrheitsmäßig keine weiteren Vorteile bringt. Das zusätzliche Material wird also nicht mehr ausgenutzt. Das Verformungsverhältnis x/x_o, bei dem x die Durchbiegung der gestörten und x_o die der ungestörten Platte angibt, verläuft in dieser Darstellung entsprechend umgekehrt.

Trägt man die gleichen Kenngrößen c/c_o und x/x_o über dem Verhältnis Nabenhöhe zu Plattendicke auf, so ergibt sich der in Abbildung 44 dargestellte Verlauf. Die Exzentrizität der Bohrung ist gleich der im vorhergehenden Versuch. Das Verhältnis Nabendurchmesser zu Bohrungsdurchmesser ist $D/d = 1,25$ und liegt damit ungefähr an der Stelle, wo das Starrheitsverhältnis im Diagramm Abbildung 43 gleich Eins ist.

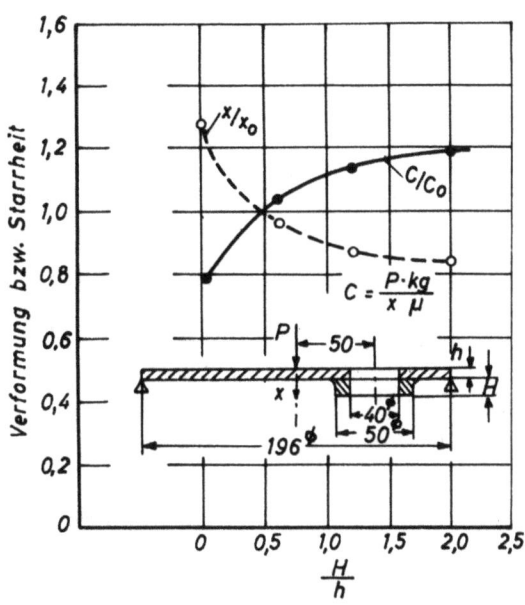

A b b i l d u n g 44
Verformungszunahme in Abhängigkeit von der Nabenhöhe

Der Kurvenverlauf zeigt bei einem Verhältnis $H/h = 0,5$ für das Starrheits- und Verformungsverhältnis den Wert Eins. Ist also die Nabenhöhe gleich der halben Plattendicke, so ist bei den vorliegenden Maßverhältnissen für Exzentrizität und Nabendurchmesser die Starrheit der gestörten Platte gleich der der ungestörten. Mit wachsender Nabenhöhe ist der Verlauf der Starrheitskennlinie degressiv und geht etwa bei $H/h = 2,0$ in die Waagerechte über. Eine Vergrößerung des Verhältnisses H/h über 2,0 hinaus bringt demnach keinen nennenswerten Erfolg mehr. Der dabei aufgewendete Werkstoff wird nicht mehr an der Aufnahme der Beanspruchung beteiligt und ist daher überflüssig.

So wie hier am Beispiel einer ebenen Platte gezeigt wurde, können durch Modellversuche Überschlagswerte und Tendenzen für den Starrheits- und Verformungsverlauf ermittelt werden, die eine beanspruchungsgerechte Dimensionierung von Konstruktionseinzelheiten erleichtern. Man geht dabei nach Möglichkeit von praxisnahen Ausführungen der Bauteile aus, deren Beanspruchungsarten aus der Lage der Teile im Kraftfluß zu überschauen sind. Die Genauigkeit der Meßergebnisse hängt natürlich von der Einhaltung der Versuchsbedingungen während einer Versuchsreihe ab.

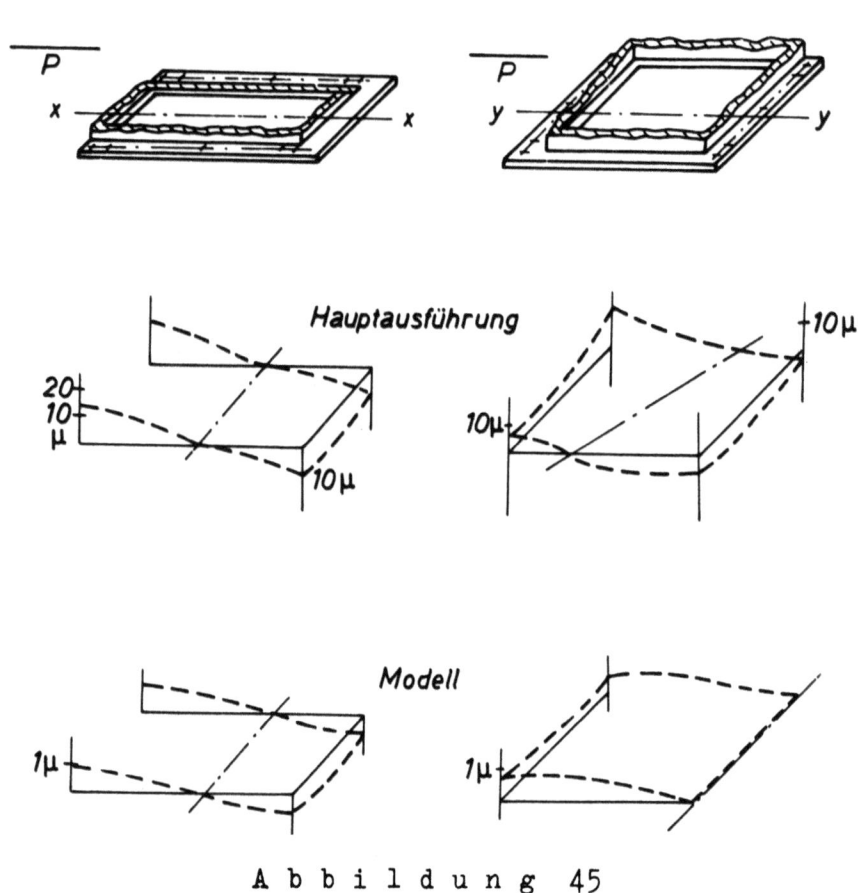

Abbildung 45

Flanschverformung eines Ständerflansches

4.3 Die Starrheit von Flanschverbindungen

Als weitere Einzelheit wurde die Starrheit von Flanschverbindungen näher untersucht. Im Abschnitt 2.3 wurde festgestellt, daß die anteilige Flanschverformung an aufgespannten Ständern einen beachtlichen Teil der Gesamtverformung ausmachen kann. Wie sich der Flansch bei Querkraftbiegung eines Ständers verformt, zeigt Abbildung 45. Oben im Bild sind die Schraubenstellen angedeutet und die Belastungsrichtungen eingezeichnet. Die Belastung selbst wurde, wie auch weiter oben beschrieben, am oberen, freien Ständerquerschnitt mittels Kraftmeßbügel aufgebracht. Die Verformung wurde auf der Schraubenmittellinie mit einem elektrischen Feintaster gemessen. Der Verformungsverlauf ist für die beiden Belastungsrichtungen und Modellkörper aus dem Bild ersichtlich. Die unterschiedlichen Flanschdeformationen bei Hauptausführung und Modell sind für die relativ grossen Fehler bei den Übertragungsmaßstäben verantwortlich.

Zur Bestimmung der anteiligen Flanschverformung sind die in diesem Bild aufgezeichneten Meßwerte auf die Belastungsstelle zu reduzieren. Die damit verbundene Vergrößerung nach dem Hebelarmverhältnis bewirkt schon eine beachtliche Verschiebung des Endquerschnittes auf Grund der Flanschnachgiebigkeit. Ist das Verhältnis Flanschstarrheit zur Gesamtstarrheit ziemlich groß (etwa $> 0,2$), so kann eine Verbesserung der Flanschausführung schon einigen Vorteil bringen.

4.31 Versteifung eines Ständerflansches

An dem weiter oben mit Hauptausführung bezeichneten Ständer sind in einer Versuchsreihe verschiedene Veränderungen in bezug auf die Ausgangsform zur Beeinflussung der Starrheit vorgenommen worden (Abbildung 46).

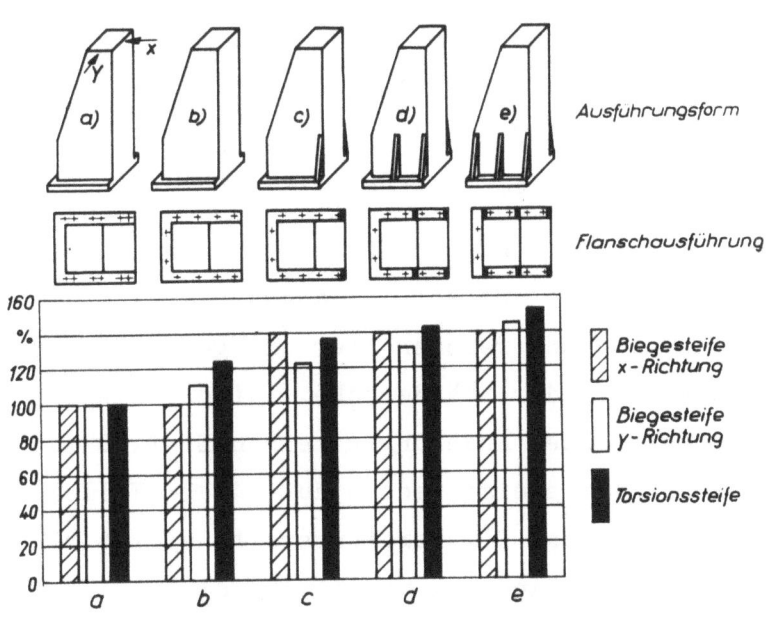

Abbildung 46

Versteifung eines Ständerflansches

Bei der Ausgangsform (a) wurde der Ständer mit 12 Schrauben (M 16), die paarweise nebeneinander an beiden Ständerseiten angeordnet sind, festgeschraubt. Der Flansch an der Rückseite des Ständers war frei. Diese Schraubenanordnung ist in der Praxis noch sehr gebräuchlich und bei zahlreichen Werkzeugmaschinenständern vorzufinden. Die gemessenen Starrheitswerte dieser Ausführung sind gleich 100 % gesetzt worden.

Bei der ersten Änderung (b) wurde die Schraubenzahl auf 10 Schrauben (M 16) herabgesetzt. Diese sind nun aber in gleichen Abständen auf dem ganzen Flansch (3 Seiten) verteilt angeordnet worden. Trotz der geringeren Schraubenzahl, und obwohl jetzt nur eine Schraube an der vorderen Flanschkante die Hauptbelastung aufnehmen kann, bleibt die Biegesteife in x-Richtung konstant. Das heißt aber, daß beim Fall (a) auch nur die vordere der beiden eng hintereinander angeordneten Schrauben den Hauptlastanteil trägt. Die Biegesteife in y-Richtung nimmt um ca. 10 % zu. Dies ist auf eine bessere Kraftüberleitung vom Flansch in die Grundplatte zurückzuführen, die aus der gleichmäßigen Schraubenverteilung resultiert. Die Torsionssteife wächst gegenüber dem Fall (a) um gut 20 %. Ursache dafür ist sicherlich die bessere Auflage der Flanschfläche, die jetzt bei Verdrehbeanspruchung durch die Haftreibung gehalten wird.

Als zweite Änderung (Fall c) wurde an den vorderen freien Flanschecken je eine Rippe zur Abstützung des Flansches gegen die Wand angeschweißt. Der Erolg zeigt sich in einer Erhöhung der Biegesteife in x-Richtung um 40 %. Der rechte Winkel zwischen Flansch und Wand wird besser erhalten und ein Abbiegen des Flansches verhindert. Die Biegesteife in y-Richtung steigt um weitere 10 % gegenüber dem Fall (b). Hier macht sich ebenfalls die Abstützung der Wand bemerkbar. Auch auf die Torsionssteife hat diese Maßnahme einen positiven Einfluß, der sich in einer Verbesserung um insgesamt fast 40 % gegenüber dem Fall (a) wiederspiegelt.

Bei der dritten und vierten Änderung (d und e) wurden je zwei weitere Rippen etwa in Flanschmitte und am Ende angeschweißt. Die Rippen sind so dick wie die Ständerwand und reichen über die ganze Flanschbreite und etwa bis zu einem Viertel der Ständerhöhe. Auf die Biegesteife in x-Richtung hatten diese beiden Änderungen keinen Einfluß mehr. Der in y-Richtung gemessene Wert steigt jedoch auf 143 % (Fall d) und 145 % (Fall e) des Ausgangswertes. Die Torsionssteife steigt bis auf 150 % des Ausgangswertes an. Der Anstieg von c_y und c_d ist auf die Stützwirkung der Rippen und auf die Querschnittsvergrößerung im unteren Ständerteil zurückzuführen.

Dies Beispiel zeigt, wie durch systematische Veränderungen einer Einzelheit die Gesamtstarrheit eines Bauteiles verbessert werden kann. Aus den laufend gemessenen Versuchsergebnissen geht ferner die Wirksamkeit jeder einzelnen Verbesserungsmaßnahme hervor. Die Verbesserung der Gesamtstarrheit ist hier um so größer, je kleiner das Verhältnis Flanschstarrheit zur Eigenstarrheit des Ständers selbst ist. Allgemein gilt, daß eine Versteifung des schwächsten Elementes im Kraftfluß immer am wirksamsten auf die Gesamtstarrheit ist. Ein Kriterium für eine gute Konstruktion ist nämlich die gleichmäßige Beanspruchung aller Teile im Kraftfluß bei etwa gleicher Starrheit dieser Teile.

Da die Ergebnisse der Untersuchungen solcher Einzelheiten als Richtlinien für die Konstruktion von allgemeingültiger Bedeutung sind, sollte man für alle häufig vorkommenden Bauteile an vereinfachten Ausführungen das Starrheitsverhalten und den Verformungsmechanismus grundsätzlich studieren. In bezug auf die Vereinfachung der Modellkörper kann man je nach gewünschter Aussagefähigkeit der Versuchsergebnisse in vielen Fällen so weit gehen, daß nur die zu untersuchende Einzelheit nachgebildet und eine Möglichkeit zur Nachahmung praxisnaher Belastungsfälle geschaffen wird. Dies sei im folgenden Beispiel, das der Untersuchung des Verformungsmechanismus an einfachen Flanschverbindungen dient, dargestellt und erläutert.

4.32 Untersuchungen an Flanschwinkeln

Die Anforderungen an Flanschverbindungen im Werkzeugmaschinenbau unterscheiden sich von denen, die auf anderen Anwendungsgebieten, z.B. im Rohrleitungsbau, an diese Verbindungsstelle gestellt werden, oft wesentlich. Hier ist wiederum die Forderung nach Starrheit von primärer Bedeutung. Die sonst üblichen Ansprüche an die Festigkeit und die Dichte reichen also im allgemeinen bei den Flanschen an Werkzeugmaschinengestellen nicht aus. Bei der Suche nach Flanschformen größerer Starrheit ist es naheliegend, zunächst den Verformungsmechanismus der üblichen Ausführungen eingehend zu studieren. Die gebräuchlichen Flanschausführungen entsprechen vereinfacht Winkelelementen, bei denen ein Steg durch Schrauben festgehalten wird, während an dem anderen die äußere Belastung als Biege- oder Zugkraft angreift. In Abbildung 47 ist ein Flanschelement mit den für die Verformungsuntersuchung notwendigen Maßbezeichnungen und dem Belastungsschema dargestellt. Die Starrheit eines solchen Winkelflansches ist von vielen Varianten abhängig. Um ein Gesamtbild über die Verformung derartiger Verbindungsstellen angeben zu können, sind beide Seiten, Flansch und Aufspannplatte, gemeinsam zu betrachten. Entsprechend dem Verhalten des Unterteiles wird sich die Verformung des Flanschwinkels mehr oder weniger stark ändern. Erst bei einer vollkommen starren Grundplatte ist allein die Verformung des Flansches maßgebend für die Starrheit der Verbindungsstelle.

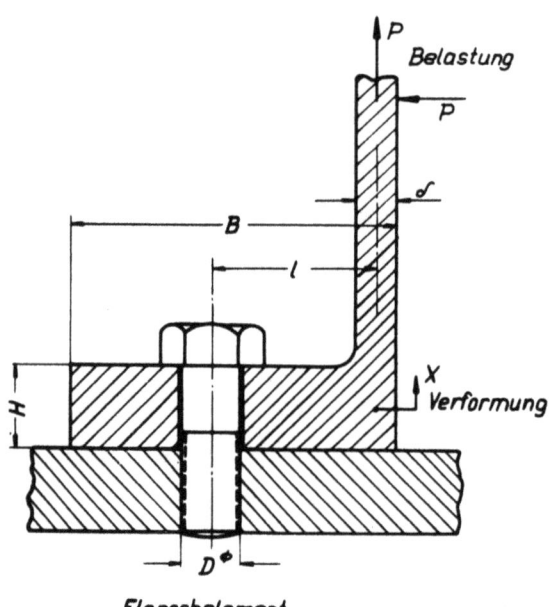

Abbildung 47
Flanschelement

Für die im folgenden beschriebenen Versuche sei vollkommene Starrheit der Grundplatte vorausgesetzt. Praktisch konnte dieser Zustand durch Verwendung einer relativ dicken Grundplatte erreicht werden. Verformungsmessungen an der Aufspannplatte zeigten Deformationen, die um mehr als eine Größenordnung kleiner als die Verformungen des Flanschwinkels waren. Damit sind die Meßwerte am Flansch mit guter Näherung diesem allen zuzuordnen.

Die Verformung des Flansches ist abhängig von den Abmessungen H und l, vom Durchmesser D der Befestigungsschraube und von der Belastung P. Die Flanschhöhe H und der Schraubenabstand l von der Mitte des freien Steges sind als Abmessungen eines eingespannten Biegebalkens zu betrachten. Die Tiefe des Flansches sei gleich einer Längeneinheit. Die Art der Einspannung durch die Schraube gibt diesem Belastungsfall einebesondere Eigenart. Dehnt sich durch die Zugkraft P - die hier als einzige äußere Last wirken soll - die Schraube, so wird der überstehende Flanschsteg ebenfalls zur Aufnahme der Belastung mit herangezogen. Dieser Teil stützt sich dann an einer Stelle der Grundplatte ab, die sich mit der Belastung verschiebt. Der Belastungsfall kommt dann dem eines auf zwei Stützen gelagerten Kragbalkens mit Belastung am auskragenden Ende nahe. Die Verformung dieses Systems läßt sich, wie Abbildung 48 zeigt, in drei

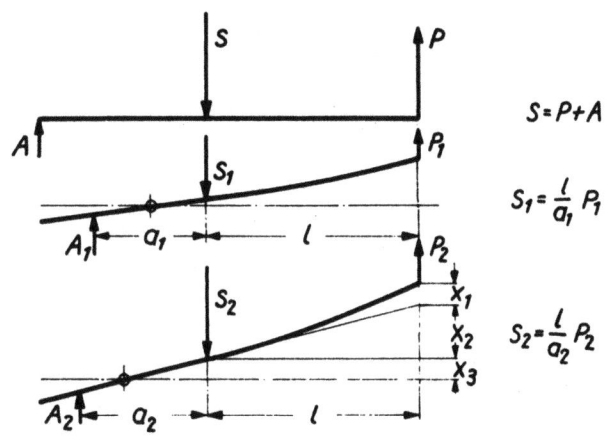

A b b i l d u n g   48
Aufteilung der Flanschverformung

Verformung x_1 durch Flanschbiegung
Verformung x_2 durch Schraubenbiegung
Verformung x_3 durch Schraubendehnung

Anteile zerlegen. Auf Grund reiner Querkraftbiegung krümmt sich der Flansch und verursacht an der Belastungsstelle die Verformungsgröße x_1. Die Schraubenlast S ergibt sich als Summe aus der Belastung P und der Abstützkraft A, die mit wachsendem P weiter von S entfernt angreift. Der Angriffspunkt der Abstützkraft liegt umso weiter von der Schraube entfernt, je größer die Kraft P und je steifer der Flansch ist. Mit der Größe dieses Abstandes ändert sich entsprechend der Momentenbeziehung der Betrag der Schraubenkraft. Abhängig von P ist demnach sowohl die Größe von S als auch der Betrag und der Angriffspunkt von A. Die Schraubenkraft S verschiebt sich nur in Kraftrichtung, wenn man von einer horizontalen Verlagerung des Angriffspunktes auf Grund der Schraubenbiegung absieht.

Durch die Schraubenbiegung ist ein Schrägstellen oder Kippen der Flanschplatte möglich, was sich in dem Verformungsanteil x_2 an der Belastungsstelle äußert. Dieser Anteil wird besonders groß, wenn der Schraubenabstand l groß, die überstehende Flanschbreite (entsprechend a) klein und der Schraubendurchmesser klein ist. Für die Konstruktion ergibt sich daraus, daß auch der überstehende Teil eines Flansches nicht ohne Bedeutung auf die Verformung ist.

Der dritte Verformungsanteil resultiert aus der reinen Schraubendehnung. Seine Größe ist also nur abhängig von der Schraubenkraft S und vom Schraubendurchmesser D. Um diesen Anteil klein zu halten, ist der Schraubendurchmesser genügend groß zu dimensionieren.

Die drei Verformungsanteile summieren sich zur Gesamtverformung x an der Belastungsstelle.

$$x = x_1 + x_2 + x_3$$

Diese Gesamtverformung wurde bei einer Reihe von Flanschwinkeln in Höhe des Lastangriffspunktes gemessen. Die praktisch gemessenen Verformungskurven sind in Abbildung 49 für einen Flanschwinkel dargestellt. Die Ab-

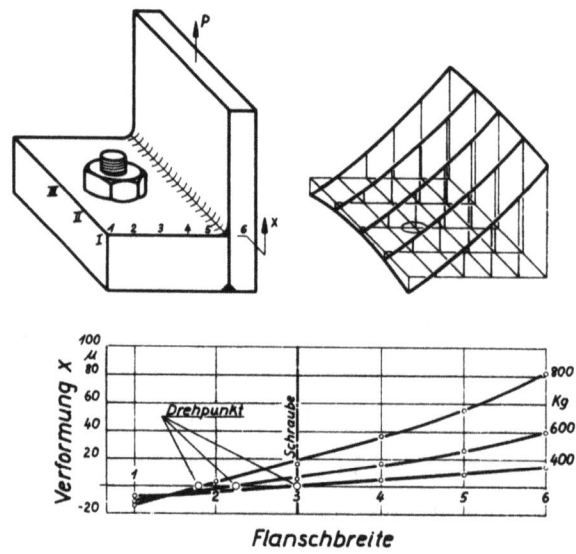

A b b i l d u n g 49
Flanschverformung

messungen dieses Flansches betragen:

        Flanschbreite   B = 60 mm
        Flanschhöhe   H = 20 mm
        Schraubenabstand   l = 30 mm
        Schraube   = M 16
        Wanddicke δ = 10 mm
        Flanschlänge   L = 100 mm

Das Gesamtverformungsbild zeigt kaum Unterschiede der Verformungslinien in den einzelnen Schnittebenen I, II und III. Die Verformungslinien bei verschiedenen Belastungen sind im Diagramm unten in Abbildung 49 quantitativ dargestellt. Ihre Form bestätigt die vorhergehenden theoreti-

schen Überlegungen. Die mit "Drehpunkt" bezeichnete Stelle wandert bei
größeren Lasten weiter von der Schraubenstelle weg. Der Betrag der Verformung in Richtung (-x) an der Stelle 1 wird mit steigender Last größer,
da der Abstützbereich der Flanschbreite im gleichen Maße abnimmt. Bei
einer Berechnung der Flanschverformung bereiten sowohl die alle miteinander verknüpften Veränderlichen als auch die Annahme der Rand- bzw. Abstützbedingungen große Schwierigkeiten und Fehlerquellen.

Die Verformung x an der Stelle 6 in Abbildung 49 wird im folgenden als
Starrheitskriterium für den Vergleich verschiedener Flanschausführungen
herangezogen. Aus den vorausgegangenen Überlegungen zur Aufteilung der
Flanschverformung ergibt sich die Schlußfolgerung, daß der Biegeanteil
x_1 und der Kippanteil x_2 durch geeignete Versteifung oder Verkürzung
des Hebelarmes l bei der vorliegenden Belastung zu verringern oder ganz
zu vermeiden ist.

In Abbildung 50 sind drei Flanschwinkel skizziert, die sich in ihrer
Form unterscheiden. Einmal sind gegenüber der üblichen Ausführung (I)
Flansch und Wand durch zwei Rippen, die auf beiden Seiten der Schraube
angeordnet sind, gegeneinander abgestützt, und bei der Ausführung III
ist die Befestigungsschraube in einem Durchbruch in der Wand angeordnet.
Die Verformung der drei Ausführungen ist im linken Diagramm über der
Flanschbreite aufgetragen. Bei der Ausführung II bleibt der Flansch auf
Grund der Stützwirkung der Rippen zwar gerade, allerdings ist die Gesamtverformung gleich der der Ausführung I. Ein Starrheitsgewinn konnte
so also nicht erreicht werden. Die Ursache dafür ist zunächst darin zu
suchen, daß eine derartige Verbesserung bei der vorliegenden Beanspruchung wenig sinnvoll ist. Wird die Wand auf Biegung beansprucht, so ist
die Maßnahme weit vorteilhafter. Ferner war der Verformungsanteil x_1,
der aus der Flanschbiegung resultiert, schon bei der Ausführung I relativ klein, was auch aus der geringen Krümmung der Verformungskurven der
vorher gemessenen Flanschwinkel hervorgeht. Hier waren in diesem Falle
also nur geringe Verbesserungen zu erwarten. Anders sieht hingegen das
Meßergebnis der Ausführung III aus. Hier verläuft die Verformungslinie
waagerecht. Und zwar sind nicht nur die Anteile x_1 und x_2 verschwunden,
sondern auch der Anteil x_3 ist geringer geworden. Die ersten beiden Verformungsanteile fallen weg, da keine Flanschbiegung mehr auftritt und
aus diesem Grunde, da der Hebelarm λ gleich Null ist, die Schraube nur
noch auf Zug beansprucht wird und somit ein Kippen des Flansches vermieden wird. Die Ursache für die Verkleinerung des Verformungsanteiles x_3

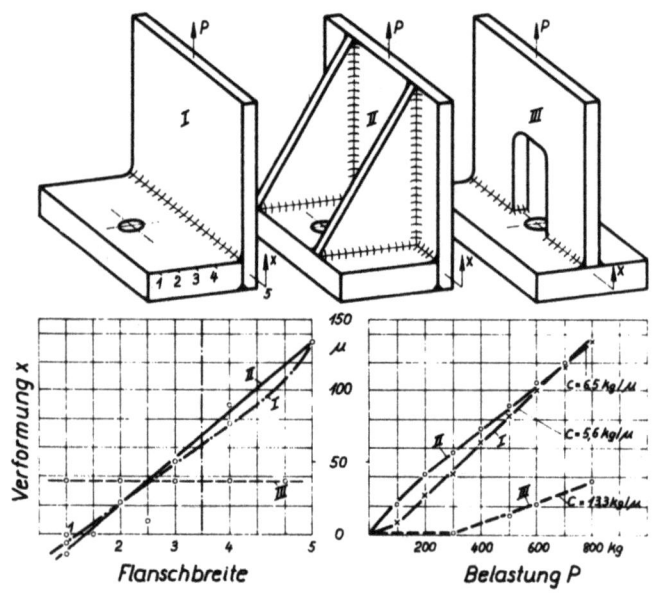

Abbildung 50
Starrheit bei verschiedenen Flanschformen

ist in der geringeren Schraubenkraft S zu suchen, die in diesem Fall maximal gleich der Zugkraft P und der Schraubenvorspannkraft werden kann. Der Anteil der Abstützkraft A entfällt. Die genaue Größe der Schraubenkraft ist aus dem Kraftverformungsdreieck zu ermitteln. Im rechten Diagramm sind die Verformungen der drei Vergleichsausführungen in Abhängigkeit von der Belastung aufgetragen. Die Steigungen der Kurven sind umgekehrt proportional den Starrheitsgraden. Interessant ist, daß bei der Ausführung III bis P = 300 kg keine meßbaren Verformungen auftreten, während die beiden anderen schon etwa 50 μ zeigen.

Bei den gebräuchlichen Flanschausführungen (Form I) geht die Flanschhöhe mit der dritten Potenz in die Biegesteifigkeit ein. Große Flanschhöhen bewirken demnach hohe Biegesteifen. Mit der Flanschhöhe wächst aber ebenfalls die Länge der Befestigungsschraube. Dadurch wird der Absolutbetrag der Schraubendehnung bei konstanter Last vergrößert, die Gesamtstarrheit des Flansches also kleiner. Nach diesem Gesichtspunkt ist eine kurze, dicke Schraube vorteilhafter. Diese läßt sich aber nur bei kleinen Flanschhöhen praktisch verwirklichen.

Es liegen hier zwei Varianten vor, die eine Größe - nämlich die Gesamtbiegesteife - entgegengesetzt beeinflussen. Es gilt nun, die Kombination von Flanschdicke H und Schraubendurchmesser D zu finden, bei der die

Gesamtbiegesteife bzw. die Gesamtverformung einen Optimalwert annimmt. So wie es allgemein bei derartigen Systemen eine günstige Kompromißlösung gibt, muß auch hier bei einem ganz bestimmten Verhältnis D/H die Gesamtverformung x minimal werden.

An Winkeln, deren Flanschhöhe H nach jedem Versuch in kleinen Stufen verringert wurde und an solchen verschiedener Höhe H, deren Schraubendurchmesser dann in mehreren Stufen vergrößert wurde, sind diese optimalen Abmessungsverhältnisse für verschiedene Schraubenabstände von der Wand empirisch ermittel worden. In Abbildung 51 ist die Gesamtverformung an der Stelle x über dem Verhältnis D/H aufgetragen. Der Schraubenabstand l ist in diesem Diagramm Parametergröße. Die Verformungskurven zeigen für ein Verhältnis D/H = 1 ÷ 1,2 bei den drei verschiedenen Schraubenabständen Minimalwerte. Das Minimum ist bei kleinem l weniger stark ausgeprägt, so daß hier eine Abweichung von den Optimalabmessungen nicht so sehr ins Gewicht fällt wie bei größeren Schraubenabständen.

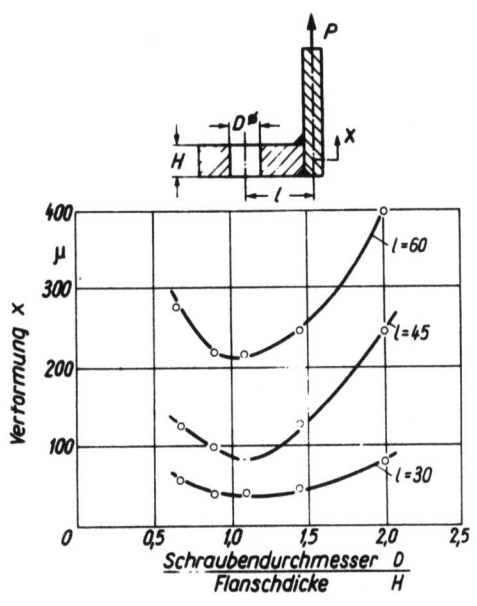

Abbildung 51
Optimale Flanschabmessungen

Die absoluten Beträge der Verformung x sind bei diesen Versuchen natürlich nicht von besonderer Bedeutung und dienen hier nur als Vergleichsmaßstab. Sie sind bei Flanschen von Maschinenständern von weiteren Bedingungen und Größen abhängig, die bei diesen Versuchen nicht berücksichtigt wurden, z.B. Schraubenanzahl und Abstand der Schrauben voneinander und deren Anordnung. Der Einfluß dieser Größen geht tendenzmäßig aus dem in Abschnitt 4.31 beschriebenen Versuchsbeispiel hervor. Bei Flanschausführungen mit optimelen Abmessungen gibt es eine weitere Möglichkeit zur Erhöhung der Gesamtsteife. Verringert man durch Vergrößerung der Flanschhöhe H die Durchbiegung des Flansches und hält gleichzeitig die Schraubenlänge konstant, indem man den Schraubenkopf um den Betrag der Flanschverstärkung versenkt (Abbildung 52), so muß theoeretisch eine Verbesserung der Gesamtstarrheit zu erreichen sein. Die Senkung für den Schraubenkopf verursacht zwar örtlich eine Schwächung des Querschnittes, diese ist allerdings sehr begrenz, da neben den Schrauben der volle Querschnitt erhalten bleibt. Rechts im Bild sind die Verformungskurven für drei verschiedene Flanschhöhen bei konstanter Schraubenlänge aufgetragen.

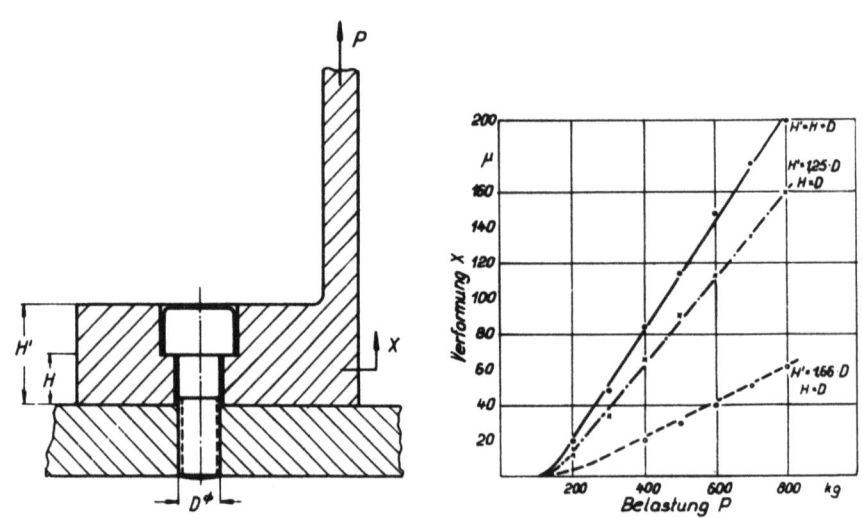

Abbildung 52
Flanschbefestigung

Abbildung 53 zeigt das Ergebnis dieser Versuchsreihe, bei der, ausgehend vom Verhältnis D/H = 1,0, durch Vergrößerung der Flanschhöhe H, ohne dabei die Schraubenlänge zu ändern, die Gesamtstarrheit verbessert wird. Die Schwächung des Querschnittes durch die Senkung mößte theoeretisch eine Verminderung der Starrheit verursachen. Der Versuch zeigt aber, daß der Einfluß der Flanschverstärkung weit größer ist als die durch die Senkung bedingte Störung.

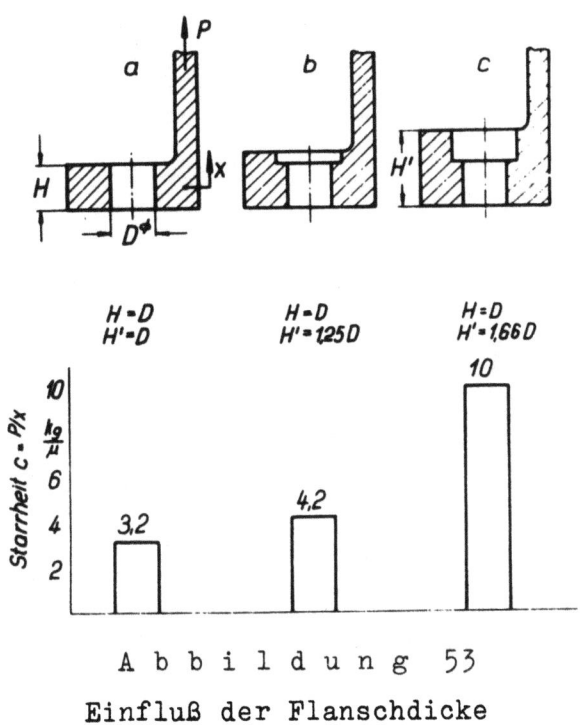

Abbildung 53
Einfluß der Flanschdicke

5. Möglichkeiten zur qualitativen Darstellung des Verformungsmechanismus

Die Untersuchung und Beurteilung der meist recht komplizierten Bauteile von Werkzeugmaschinen hinsichtlich ihrer Starrheit erfordert stets einen möglichst guten Einblick in die Belastungs- und Verformungsverhältnisse jedes einzelnen Elementes. Es ist unbedingt notwendig, sich zu Beginn eines Modellversuches die Beanspruchungsart des Elementes im Kraftfluß der Maschine, wenn auch nur qualitativ, anschaulich darzustellen.

Zur Darstellung des Verformungsmechanismus von Gestellteilen mit über der Länge unterschiedlichen, verwickelten Querschnittsformen eignen sich Modelle aus gummielastischen Werkstoffen besonders gut. Auf Grund der hohen Elastizität dieser Stoffe sind schon bei relativ kleinen Lasten, die von Hand aufgebracht werden können, die Verformungen gut sichtbar. Ein Beispiel zeigt Abbildung 54. Ein Modell der weiter oben beschriebenen Petersverrippung, welches aus Gummi gefertigt worden ist, ist hier bei verschiedenen Torsionsbelastungen im verformten Zustand dargestellt. Der Verformungsmechanismus des gesamten Versuchskörpers sowie die örtlichen Verformungen der einzelnen Teile sind auf dem Bild zu erkennen. Bei der größten Belastung tritt besonders das Ausknicken der Rippen deutlich hervor. Dieser Zustand ist selbstverständlich hier stark übertrieben dargestellt. Die Belastung darf im praktischen Fall nicht so

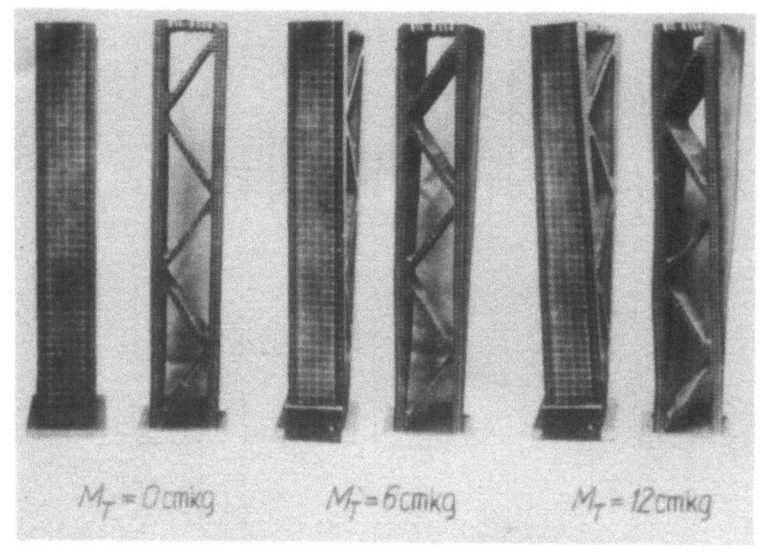

Abbildung 54
Petersverrippung bei Torsionsbelastung

groß werden, daß ein Knicken oder Ausbeulen einzelner Teile auftreten kann. Die übertrieben großen Verformungen dienen hier nur der Anschaulichkeit.

Abbildung 55
Kastenständermodelle aus Gummi

Abbildung 55 zeigt drei stark vereinfachte Kastenständermodelle aus Gummi. Das auf den Wänden aufgezeichnete Gitternetz läßt bei verschiedenen

Belastungsrichtungen und -größen die Stellen stärkster Verformung klar hervortreten. Bei Torsionsbelastung der Ständer zeigt sich der außerordentlich große Starrheitsunterschied zwischen den geschlossenen und dem Ständer mit dem Durchbruch in der vorderen Wand.

Derartige Modellkörper sind als Anschauungsmodelle für Lehrzwecke sehr gut geeignet, da sie das Empfinden für Starrheitsverhältnisse schulen und sehr demonstrative Vergleiche ermöglichen.

Zur Ermittlung örtlicher Verformungszustände ist ebenfalls das bekannte Dehnungslackverfahren (Maybach- und Stresscoat-Verfahren) bestens geeignet. Man trägt dabei auf das Versuchsobjekt einen sehr spröden Lack (Reißlack) auf, der bei Beanspruchung zuerst an den Stellen größter Verformungen in Richtung senkrecht zu diesen reißt. Die Risse treten je nach Sprödigkeit des Reißlackes auf, wenn der Versuchskörper selbst erst Verformungen aufweist, die im elastischen Bereich des Werkstoffes liegen. Dies Verfahren liefert allerdings nur qualitative Angaben über den Verformungsmechanismus, wenn man nicht die Versuchs- und Eichbedingungen hinsichtlich Temperatur und Lackfilmdicke genau erfaßt und konstant hält. Bei Einhaltung dieser Bedingungen sollen nach dem Stresscoat-Verfahren auch quantitative Aussagen über den Verformungszustand möglich sein. An dieser Stelle sei auf die Versuche von BERGMANN [2] hingewiesen, der dies Verfahren bei der Untersuchung von Maschinenteilen mit gutem Erfolg angewendet hat.

Der Vollständigkeit halber sei auch noch die spannungsoptische Untersuchungsmethode angeführt, die ebenfalls zur Beurteilung örtlicher Spannungs- und Verformungszustände wertvolle Hinweise liefern kann.

6. Zusammenfassung

Die Anwendbarkeit der Ähnlichkeitsgesetze von NEWTON und CAUCHY zur Übertragung der Starrheitskenngrößen bei geometrisch ähnlichen Bauelementen von Werkzeugmaschinen wurde in zwei Versuchsbeispielen überprüft und bestätigt. Die Genauigkeit der Übertragung ist von der Güte der Ähnlichkeit der Vergleichsausführungen abhängig, wobei eine Proportionalität bis in alle Einzelheiten nicht unbedingt erforderlich ist, wenn man die Gesamtstarrheit der Elemente vergleichen will. Es ist jedoch zweckmäßig, nur die Einzelheiten, die in bezug auf die Gesamtausführung sehr klein sind und nicht direkt im Kraftfluß liegen, zu vernachlässigen. Unter diesen Umständen lassen sich für die Übertragung der Biegesteife, der Torsionssteife und für die Eigenfrequenzen der Grundschwingungsformen die Fehler bei 10 % halten. Diese Übertragungsgenauigkeit dürfte für derartige Untersuchungen ausreichend sein.

Ein Vergleich dreier Drehbankbettmodelle zeigt, daß das Verfahren der Modelluntersuchung geeignet ist, die Starrheiten verschiedener Entwürfe eines Bauteiles zu ermitteln und die Entscheidung für einen dieser Entwürfe zu erleichtern. Eine Stahlblechkonstruktion in schweißgerechter Ausführung braucht auch dämpfungsmäßig einer Gußkonstruktion nicht nachzustehen, wenn die Scheuerwirkung - z.B. durch unterbrochene Schweißnähte hervorgerufen - zur Erhöhung der Gesamtdämpfung beiträgt.

Der Einfluß von Wanddurchbrüchen auf die Starrheit dünnwandiger, kastenförmiger Bauteile wurde an einigen Beispielen untersucht. Dabei zeigte sich, daß besonders die Torsionssteife durch Langlöcher ganz beachtlich vermindert wird. Der Einflußbereich dieser Störung wurde ermittelt. Die Abdeckung dieser Wanddurchbrüche durch verschiedenartige Deckel beeinflußt die Starrheit nur wenig, so daß dadurch der ursprüngliche Zustand nicht wieder erreicht wird. Lediglich die Dämpfung wird auf Grund der Scheuerwirkung erhöht, und zwar auf etwa den doppelten Betrag des Wertes bei einem geschlossenen Kastenständer.

An Platten als Bauteilen von Ständern und Getriebekästen wurde der Einfluß von Durchbrüchen und Naben untersucht. Dabei konnten die wirtschaftlich günstigen Abmessungen für die Nabenhöhe und für das Verhältnis Nabendurchmesser zu Bohrungsdurchmesser ermittelt werden, d.h. die Abmessungen, deren weitere Vergrößerung dann keine merkbare Starrheitsverbesserung mehr bringt.

Ferner wurde die Starrheit von Flanschverbindungen an einem Ständermodell und an einfachen Flanschwinkeln untersucht. Der Einfluß einer Flanschverbindung auf die Gesamtstarrheit eines Ständers läßt sich durch günstige Schraubenanordnung und Abstützung durch Rippen gegen die Ständerwand beachtlich verbessern. Der Erfolg ist umso größer, je größer das Verhältnis Flanschstarrheit zur Gesamtstarrheit des Elementes ist.

Für die Abmessungen eines Flansches - Flanschhöhe, Länge und Durchmesser der Befestigungsschraube und Abstand der Schraube von der Ständerwand - bestehen für den Fall, daß die Befestigungsschraube nicht in der Wand angeordnet werden kann, Optimalwerte.

Die hier an vereinfachten Modellen durchgeführten Versuche können dem Konstrukteur Richtlinien für die Gestaltung der behandelten Konstruktionseinzelheiten geben. Die Ergebnisse sind in dieser Hinsicht zu verwenden und sollen dem Verfahren der Modellversuche weiteren Eingang in das Gebiet der Verformungsmessung verschaffen. Ihre Bedeutung liegt hauptsächlich darin, daß sie für alle geometrisch ähnlichen Ausführungen des Versuchsobjektes quantativ gültig sind, wenn man die Gesetze der Ähnlichkeitsmechanik bei ihrer Auswertung berücksichtigt.

Prof.Dr.-Ing. Herwart Opitz
Dr.-Ing. J. Bielefeld

Literaturverzeichnis

[1] BACH, C. Elastizität und Festigkeit.
Springer-Verlag, Berlin (1894)
2. Auflage

[2] BERGMANN, W. Sichtbar gemachte Spannungsfelder in Maschinenteilen
Z. Grundlagen der Landtechnik, Heft 4 (1953).

[3] BIELEFELD, J. Modellversuche an Werkzeugmaschinenelementen.
Forschungsbericht: "Untersuchungen an Elementen im Kraftfluß der Werkzeugmaschinen", Verlag W. Girardet, Essen (1957).

[4] BOBECK, K.,
A. HEIß und
Fr. SCHMIDT Stahlleichtbau von Maschinen.
Springer-Verlag, Berlin (1955).

[5] TEN BOSCH, M. Berechnung der Maschinenelemente.
Springer-Verlag, Berlin (1953).

[6] v. BOUTTEVILLE Theoretische und experimentelle Untersuchungen zur Torsion von Kastenquerschnitten.
Forsch, Ing. Wes. Band 3 (1932).

[7] BREDT, R. Kritische Bemerkungen zur Drehungselastizität.
Z. VDI, Band 40

[8] DEN HARTOG, J.P. Mechanische Schwingungen.
Springer-Verlag Berlin, Göttingen, Heidelberg (1952)

[9] FÖPPL, A. und L. Drang und Zwang.
Band II, München (1928).

[10] HEIß, A. Schwingungsverhalten von Werkzeugmaschinengestellen.
VDI-Forschungsheft Nr. 429 (1949/50)

[11] HERRMANN, W. Über die Bedingungen für dynamische Ähnlichkeit.
Z. VDI, Band 75 (1931), Nr. 20

[12] HÖLKEN, W. Untersuchung von Drehbänken auf statische und dynamische Steife.
Industrie-Anzeiger Nr. 80, Okt. 1956

[13] IRTENKAUF, J. Das Bett der Drehbank
6. Aachener Werkzeugmaschinen-Kolloquium: Werkzeugmaschine und Fertigungstechnik.
Z. Industrie-Anzeiger Nr. IX (1953)

[14] IRTENKAUF, J. und H. SCHUMACHER Die spangerechte Gestaltung von Werkzeugmaschinen.
Z. Werkstattstechnik, Band 34 (1940)

[15] KETTNER, H. Dynamische Untersuchungen an Werkzeugmaschinengestellen.
Dissertation Techn. Hochschule Berlin (1939).

[16] KIEKEBUSCH, H. Die Werkzeugmaschine unter Last.
VDI-Forschungsheft 360, Berlin 1933.

[17] KIENZLE, O. und H. KETTNER Das Schwingungsverhalten von Guß- und Stahldrehbankbetten.
Z. Werkstattstechnik, Band 33, (1939) Nr. 9.

[18] KINEZLE, O. Stahlschweißbau bei Werkzeugmaschinen
Z. Werkstattstechnik u. Maschinenbau, 39. Jahrg. (1949), Heft 2.

[19] KLOTTER, K. Messung mechanischer Schwingungen.
Berlin (1943).

[20] KLOTTER, K. Technische Schwingungslehre.
Band I, Springer-Verlag (1951).

[21] KRONENBERG Schwingungsdämpfende Schweißkonstruktion einer Schleifmaschine.
Z. Konstruktion (1957), Heft 8.

[22] KRUG, C. Stahlleichtbau bei Werkzeugmaschinen.
Z. VDI, Band 84 (1940), Nr. 1

[23] KRUG, C. Form und Federung bei Werkzeugmaschinen.
Z. Werkstattstechnik u. Eerksleiter, 35. Jahrg. (1941), Heft 11

[24] LOEWENFELD, K. Gestaltsteife von Baukörpern für Werkzeugmaschinen.
Dissertation Techn. Hochschule München (1957)

[25] LOEWENFELD, K. Steifigkeit von Platten.
Z. Der Maschinenmarkt, Nr. 76 (1957)

[26] LOEWENFELD, K. Gestaltfestigkeit von Stäben.
Z. Der Maschinenmarkt Nr. 71/72
(1957)

[27] MÖBIUS, W. Zur Entwicklung der Stahlleichtbau-
drehbänke.
Z. VDI (1944), Nr. 21/22.

[28] NADAI, A. Die elastischen Platten.
Springer-Verlag (1925).

[29] NIEMANN, G. Maschinenelemente
Springer-Verlag, Berlin, Göttingen,
Heidelberg (1950), Band I.

[30] OEHLER, E. Technische Schwingungslehre
Verlag W. Girardet, Essen (1952)

[31] PIEKENBRINK, R. Betrachtungen über das statische
und dynamische Verhalten von Werkzeugmaschinen.
7. Forschungsbericht: "Untersuchungen
an Elementen im Kraftfluß der Werkzeugmaschinen". Verlag W. Girardet,
Essen, (1957).

[32] RESCHETOW, D.N. und Untersuchungen und Näherungsrechnun-
V.V. KAMINSKAJA gen der Starrheit kastenförmiger Bautei-
le im Werkzeugmaschinenbau.
Aus "Stanki i instrument",
Z. Industrie-Anzeiger Nr. 1 (1957)

[33] SALJE, E. Die Werkzeugmaschine unter dynamischer Belastung.
Z. Industrie-Anzeiger Nr. IV und V
(1955).

[34] SALJE, E. Die Ähnlichkeitsmechanik - ein
Hilfsmittel für den Werkzeugmaschi-
nen-Konstrukteur.
Forschungsbericht: "Werkzeugmaschinen-
Konstruktion", Verlag W. Girardet,
Essen, (1955).

[35] SCHAPITZ, E. Festigkeitslehre für den Leichtbau.
VDI-Verlag, Düsseldorf (1951).

[36] SCHLESINGER, G. Prüfbuch für Werkzeugmaschinen.
4. Auflage Middelburg (1949).

[37] SCHLOSSER, E.   Einfluß ebener verschraubter Fugen auf das statische Verhalten von Werkzeugmaschinengestellen. Dissertation Techn. Hochschule Hannover (1955)

[38] SCHULER, L. und K. JETSCHKE   Die Anwendung von Versuchswerkzeugen in verkleinertem Maßstab in der spanlosen Formgebung. Z. Industrieblatt Nr. 4 (1957)

[39] SCHULTZ-GRUNOW   Einführung in die Festigkeitslehre. Werner-Verlag, Düsseldorf (1949).

[40] THUM, A. und O. PETRI   Steifigkeit und Verformung von Kastenquerschnitten. VDI-Forschungsheft 409, Berlin (1941)

[41] WEBER, M.   Das allgemeine Ähnlichkeitsprinzip der Physik und sein Zusammenhang mit der Dimensionslehre und der Modellwissenschaft. Jahrbuch der Schiffsbautechn. Gesellschaft, Band 31, Berlin (1930).

If you have any concerns about our products,
you can contact us on
ProductSafety@springernature.com

In case Publisher is established outside the EU,
the EU authorized representative is:
**Springer Nature Customer Service Center GmbH
Europaplatz 3, 69115 Heidelberg, Germany**

Printed by Libri Plureos GmbH
in Hamburg, Germany